筒子纱低浴比染色实用技术

罗湘春　陈镇　罗业／编著

TONGZISHA DIYUBI RANSE SHIYONG JISHU

中国纺织出版社有限公司

国家一级出版社
全国百佳图书出版单位

内 容 提 要

本书主要内容包括：近十年我国纺织工业、印染行业及纺织机械行业的发展概况、染色基本理论、筒子纱染色、低浴比染色及筒子纱低浴比染色技术等。

本书适合从事纺织、染整等相关领域的技术人员参考阅读。

图书在版编目（CIP）数据

筒子纱低浴比染色实用技术/罗湘春，陈镇，罗业编著.
--北京：中国纺织出版社有限公司，2019.10
ISBN 978-7-5180-6418-2

Ⅰ.①筒… Ⅱ.①罗…②陈…③罗… Ⅲ.①筒子染色—研究 Ⅳ.①TS193.54

中国版本图书馆 CIP 数据核字（2019）第 150743 号

责任编辑：范雨昕 责任校对：韩雪丽 责任印制：何 建

中国纺织出版社有限公司出版发行
地址：北京市朝阳区百子湾东里 A407 号楼 邮政编码：100124
销售电话：010—67004422 传真：010—87155801
http://www.c-textilep.com
E-mail：faxing@ c-textilep.com
中国纺织出版社天猫旗舰店
官方微博 http://weibo.com/2119887771
北京密东印刷有限公司印刷 各地新华书店经销
2019 年 10 月第 1 版第 1 次印刷
开本：710×1000 1/16 印张：7
字数：86 千字 定价：88.00 元
京朝工商 广字第 8172 号

前　言

衣食之道乃人类之根本。自从有了人类就有了纺织，人类在追求美的过程中发挥了无限的智慧，所以才有了今天的社会与人类的文明。

经常听父亲提起我那从未谋面的爷爷的往事，我的爷爷出生在民国年代，他是家乡一位很有名气的裁缝，为了养家糊口而从事了这样一份职业。他是一位手艺很好的老人，这就是我家第一次从事纺织行业的工作。

1997年，各大印染企业正处于大刀阔斧的改革阶段，我踏上并融入中国最大型的纺织染整基地之一，在业内被称为染整"黄埔军校"的溢达纺织，从此开始了自己的染整职业生涯。我的内心经历了从接触、认识、熟悉、体会到应用逐渐变化的过程，体会到获取知识的快乐与辛酸，在多少不被人理解的质疑中和无数主动加班的过程中我喜欢上了染整，由此爱上了设备知识，爱上了纺织染整工艺。由此我心中涌出一个的念头——我要努力成为染整的多面手；要成为能够真正解决问题的染整人，这就是我进入染整界的第一个梦想。

2003年，由于个人发展原因，我离开了国内极具规模的医用材料高科技公司入职雅戈尔日中纺织印染有限公司，在公司领导的信任与支持下开始承担国产(中国香港高勋集团)筒子纱染缸与德国染色机的企业管理与工艺质量大赛，在公司快速发展中运用自己所学改善染色机原理的不足，开始大、小经轴在色织布上的全流程工艺的开发与质量成本的研究工作，并在心中时刻提醒自己要在染整业内做出更好的硬件和软件。染整的各道工序我都亲身学习实践过，尤其是后整理(液氨)工序的工艺效率改革让我更加爱上了染整。在工艺研发中获得了筒子纱(经轴)染色设备如何做低浴比的技术的基础数据，在应用理解中我内心无数次激发出一个信念，低浴比筒子纱染整新技术才是我们这代染整人的技术最爱。

2008 年,在我做染整技术咨询服务公司的经历中,发现国内的染整行业存在巨大的市场——节能低浴比简子纱(经轴)染色设备与工艺技术的需求。低浴比工艺研发技术的空白是一个机遇,也是"十三五"的重点支持技术。我一直想找个平台实现新技术的应用,一次性实现自己多年的染整梦。由此诞生了开始整理编写低浴比与经轴新技术书籍的想法,开始低浴比工艺技术的潜心研究工作与大量试验,在为每个客户处理疑难问题的过程中我体验快乐,收获快乐。

2010 年,我入职高勋染整设备制造基地,在该平台所有技术与销售部门的支持协助下,利用自己的专业实践知识将超低浴比简子纱(经轴)染色设备推出市场,由此中国拥有了简子纱低浴比染色的话语权。感谢萧生在这个艰难的过程中对我的理解与包容,陪着低浴比设备与技术经历一次次的阵痛。所以我内心更加期望能将自己的经验与所学整理出来与大家分享。

由于本人知识水平有限,书中存在疏漏和不足之处,恳请读者予以指正,期望业内专家与学者不吝赐教。在整个编写与整理过程中,还要感谢湖南工程学院陈镇博士的辛苦付出,感谢家乡学院所有学者与我的无私交流;感谢出版社同事的辛苦付出,感谢一直关注我的领导、朋友给我的鞭策,本人唯有努力用最好的节能技术回报大家。

最后,要感谢给予我生命的父母,是你们给我指出梦开始的地方,是你们坚韧的精神给了我克服困难的信念,感谢一直陪伴我的家人对我的理解与包容。染路漫漫,绿水青山,吾将倾力而拓之。节能征程,永无止境。

部分发明专利与实用新型专利证书

目　　录

第一章 我国纺织行业概况

第一节 纺织工业

纺织工业是我国传统支柱产业、重要民生产业和创造国际化新优势的产业，是科技和时尚融合、生活消费与产业用并举的产业，在美化人民生活、增强文化自信、建设生态文明、带动相关产业发展、拉动内需增长、促进社会和谐等方面发挥着重要作用。

一、纺织工业"十二五"发展成效

1. 规模效益稳定增长

"十二五"期间，规模以上纺织企业工业增加值、主营业务收入和利润总额年均分别增长8.5%、9.2%和11.5%，2015年主营业务收入70714亿元，利润总额3860亿元；全行业纺织纤维加工量年均增长5.1%，2015年达5300万吨，占全球纤维加工总量50%以上；纺织品服装出口额年均增长6.6%，2015年达到2912亿美元，我国纺织品服装出口额占世界同类贸易的比重比"十一五"末提高3.1个百分点。

2. 结构调整持续深入

2015年，服装、家纺、产业用纺织品纤维加工量比重由2010年的51：29：20调整为46.6：28.1：25.3；纺织纤维加工总量中化纤比重达84%，比2010年提高14个百分点；纺织品服装出口一般贸易比重由2010年的74%提高到2015年的76.9%；出口市场进一步多元化，新兴市场份额逐步提高；中西部地区规模以上纺织企业主营业务收入在全国占比达到 23.2%，比 2010 年提高 6.4 个百分点。"十二五"期间，我国纺织服装企业海外投资步伐持续加快，纺织工业技术、标准、产能、设计、品牌、营销渠道等国际合作全面开展。

3. 创新能力稳步提升

2014 年，大中型纺织企业研究与试验(R&D)经费支出 257 亿元，比 2010 年增长 81%，研发投入强度为 0.67%；有效发明专利数 5381 件，是 2010 年的 2.3 倍。"十二五"期间，人均劳动生产率年均增长 10% 左右；16 项成果获得国家科学技术进步奖，其中"筒子纱数字化自动染色成套技术与装备"获得国家科技进步一等奖；碳纤维、间位芳纶等高性能纤维及海洋生物基纤维等实现技术突破；信息化集成应用及智能制造形成若干试点示范。

4. 品牌建设有效推进

"十二五"时期，全行业品牌意识进一步提高，行业品牌培育管理体系与品牌价值评价体系初步形成。中国国际服装服饰博览会、中国服装大奖、中国国际时装周、各地服装节等活动连续举办，纤维、面料、家用纺织品流行趋势研究和发布，《纺织服装行业年度品牌发展报告》发布等，推动了行业品牌发展。目前活跃在国内市场的服装家纺品牌约 3500 个，全行业拥有"中国驰名商标"300 多个。一批服装家纺品牌在海外建立设计机构和销售网络，中国设计师作品在国际舞台展示交流。服装家纺网上销售额年均增长超过 40%，高速增长的电子商务扩大了品牌产品市场影响力。CSC9000T 中国纺织服装社会责任管理体系广泛推广，企业社会责任建设取得积极进展。

5. 绿色发展成效明显

"十二五"时期，大量节能降耗减排新技术得到广泛应用，百米印染布新鲜水取水量由 2.5t 下降到 1.8t 以下，水回用率由 15% 提高到 30% 以上，全面完成单位增加值能耗降低、取水下降以及污染物总量减排等约束性指标。再利用纤维占纤维加工总量比重由 2010 年的 9.6% 提高到 2015 年的 11.3%。废旧纺织品回收、分拣和综合利用产业链建设启动，"旧衣零抛弃"活动推动了旧服装家纺规范回收和再利用进程。

二、纺织工业当前存在的问题

"十二五"以来,纺织工业发展取得了一定成绩,但也存在诸多困扰行业发展和需要持续关注的问题,主要包括:

产业创新投入偏低,创新型人才缺乏,综合创新能力较弱;要素成本持续上涨,国际比较优势削弱;中高端产品有效供给不足,部分行业存在阶段性、结构性产能过剩;质量标准管理体系有待进一步完善,品牌影响力有待提高;棉花体制市场化改革进程缓慢,国内棉花质量下降。

三、纺织工业"十三五"发展形势

1. 全球纺织产业与贸易呈现新格局

我国纺织工业发展正面临发达国家"再工业化"和发展中国家加快推进工业化进程的"双重挤压"。发达国家在科技研发和品牌渠道方面优势明显,在高端装备、高性能纤维、智能纺织品服装等领域的制造能力仍将增长。亚洲、非洲地区的发展中国家劳动力成本优势明显,以跨太平洋伙伴关系协定(TPP)为代表的区域性贸易协定的实施将降低有关国家贸易成本,印度、越南、孟加拉国、巴基斯坦等发展中国家纺织业呈明显上升趋势。"十三五"期间,全球纺织产业格局进一步调整,尽管我国拥有全产业链综合竞争优势,但面临的国际竞争压力加大,结构调整和产业升级任务紧迫。

2. 国内外纺织消费市场蕴含新空间

人口增长和经济复苏将支撑全球纤维消费需求继续增长,估计"十三五"期间全球纤维消费量年均增速为2.5%以上。内需扩大和消费升级将是我国纺织工业发展的最大动力之一,城乡居民收入增长、新型城镇化建设以及"二孩"政策全面实施等发展红利和改革红利叠加,将推动升级型纺织品消费增长,估计国内居民服装与家纺消费支出年均增长8%左右。随着国内基础设施建设、环境治理、医疗健康等方面投入稳步增长,产业用纺织品纤维消费将继续保持快速增长。

3．纺织与互联网融合催生新变革

"十三五"期间，"中国制造2025""互联网+"全面推进，信息技术在纺织行业设计、生产、营销、物流等环节深入应用，将推动生产模式向柔性化、智能化、精细化转变，由传统生产制造向服务型制造转变。大数据、云平台、云制造、电子商务和跨境电商发展将催生新业态、新模式。纺织工业与信息技术、互联网深度融合为创新发展提供了广阔空间，也对传统生产经营方式提出挑战。

4．区域产业结构调整形成新局面

"一带一路"、京津冀协同发展、长江经济带三大战略实施，为促进纺织区域协调发展提供新机遇。建设新疆丝绸之路经济带核心区以及支持新疆发展纺织服装产业促进就业一系列政策实施，将推动新疆纺织工业发展迈上新台阶。推进新型城镇化建设，特别是引导1亿人在中西部就近城镇化，将增强中西部纺织工业发展的内生动力。全球纺织分工体系调整和贸易体系变革加快，将促进企业更有效地利用两个市场、两种资源，更积极主动地"走出去"，提升纺织工业国际化水平，开创纺织工业开放发展新局面。

5．生态文明建设提出新要求

环保技术与标准成为发达国家保持竞争力的重要手段，围绕化学品安全控制、碳排放等内容的技术性壁垒将有所增加。我国把建设生态文明提升到执政理念和国家整体战略层面，更加严格的环保法律法规和环境治理要求，给印染企业带来更大的压力。要从建设生态文明新高度推动纺织工业节能减排，发展低碳、绿色、循环纺织经济以推动行业转型升级。

"十三五"时期，我国经济发展进入新常态，纺织工业发展环境和形势正发生深刻变化，总体来看，发展机遇大于挑战。积极把握需求增长与消费升级的趋势，利用好新一轮科技和产业变革的战略机遇，纺织工业将保持中高速发展，加快向中高端迈进。

第二节 印染行业

印染行业作为纺织工业重要的组成部分，是纺织品生产链中产品深加工，提升品质、功能和价值的重要环节，是高附加值服装面料、家用纺织品和产业用纺织品等产业的重要技术支撑。

一、印染行业"十二五"发展成效

1. 经济运行保持平稳

"十二五"期间，规模以上印染企业印染布产量由 2010 年的 601.65 亿米减少到 2015 年的 509.53 亿米，年均增长 -3.27%；主营业务收入由 2010 年的 2777 亿元提高到 2015 年的 3906.53 亿元，年均增长 7.06%；利润总额由 2010 年的 134.37 亿元提高到 2015 年的 202.63 亿元，年均增长 8.56%；印染企业 500 万元以上项目固定资产实际完成投资由 2010 年的 125.22 亿元提高到 2015 年的 429.73 亿元，年均增长 27.97%；印染八大类产品出口数量由 2010 年的 144.71 亿米增加到 2015 年的 206.59 亿米，年均增长 7.38%；印染八大类产品出口金额由 2010 年的 144.66 亿美元增加到 2015 年的 243.10 亿美元，年均增长 10.94%。"十二五"以来，在印染布产量下降的情况下，行业主营业务收入、利润、投资、出口等主要经济指标均实现增长。

2. 结构调整和产业升级成效显著

（1）工艺技术稳步提升。"十二五"期间，高效退煮漂短流程、生物酶前处理、冷轧堆前处理、棉织物低温漂白、针织物连续平幅前处理等前处理加工技术；冷轧堆染色、低浴比染色、低盐低碱染色、化纤与棉混纺织物练染一浴法染色等染色工艺技术；数码喷墨印花、分色印花等印花技术；印染行业冷凝水及冷却水回用、中水回用、丝光淡碱回收利用、高温废水热能回用、定型机尾气热能回用等资源综合利用技术；少污泥生物处理，超滤、纳滤及反渗透膜技术，生物

5

膜反应器,磁悬浮风机等废水处理技术在行业中逐步得到推广应用,并取得明显效果,对于推动印染行业技术进步、节能减排发挥了重要作用。

(2)装备水平大幅提高。"十二五"以来,印染行业高能耗、高水耗的落后生产工艺设备被节能、节水、环保、高效的生产设备所替代。连续式退煮漂设备、丝光机、连续轧染设备、针织物连续练漂水洗设备等高效连续加工设备得到推广应用;低浴比间歇式染色机得到广泛推广;高精度平网圆网印花,计算机测色配色系统,计算机分色、计算机制网系统,白坯、成品立体智能仓储系统等信息化技术的推广应用正在逐步推进;筒子纱数字化自动染色技术实现了筒子纱染色从手工机械化、单机自动化到全流程数字化、系统自动化的跨越,已得到产业化应用。

(3)管理水平大幅提升。"十二五"期间,印染行业大力推进三级计量管理,化学品管控,精细化管理,信息化、智能化管理,提高了行业的管理水平。"十二五"末,主要设备工艺参数在线采集与自动控制得到推广应用,除了单个单元的信息化、数字化管理外,整个生产过程管理系统、水电气等物料在线监测、数据采集及控制系统等在印染企业得到应用,使企业生产过程自动化程度大大提高。

"十二五"期间,印染行业加强各项标准的制定及修订工作,共完成标准制定和修订20项,其中,行业标准制定15项、修订5项。完成标准复审项目18项,其中,国家标准2项、行业标准16项。下达标准计划项目23项,其中,国家标准修订2项、行业标准制定16项、行业标准修订5项。

(4)生态安全和节能减排持续推进。"十二五"期间,中国纺织品服装的生态安全性能总体上已经达到国际先进水平。企业积极进行 ISO 9000 质量管理体系认证、ISO 14000 环境管理体系认证和 Oeko-Tex Standard 100 认证,许多企业已通过生态安全认证。中国印染行业协会与中纺网络信息技术有限责任公司等单位共同推进的白名单管理体系于 2012 年开始启动,"十二五"期间共 57家印染企业获得资质。

"十二五"期间,印染行业节能减排取得显著成效。2010~2015 年,印染行业单位产品水耗下降 28%，由 2.5 吨/百米下降到 1.8 吨/百米；单位产品综合能耗下降 18%，由 50 公斤标煤/百米下降到 41 公斤标煤/百米；印染行业水重复利用率由 15% 提高到 30%，提高 15 个百分点。

二、印染行业"十三五"面临的形势

"十三五"时期，国际环境依然错综复杂，印染行业发展进入新常态，有机遇更有挑战。

生态文明建设首次纳入国家五年发展规划，上升到国家发展战略层面，对行业发展提出更高要求。新环保法、水和大气污染防治行动计划的出台，行业新的水排放标准的实施，以及正在制定的大气排放标准，促使对行业监管范围扩大，执法力度增强。大量的环保投入带来的运行成本上升，对行业企业尤其是中小企业带来更大的压力。国际上，围绕化学品安全控制，对出口产品的生态安全性能提出了更高、更严格的要求。以东南亚、南亚为主的国家和地区，凭借成本、资源和国际贸易优惠等条件，纺织业得到快速发展，国际市场份额不断提高。

"十三五"期间，行业发展面临的挑战和压力中也蕴含着加快转型的机遇，将促使行业加快产业结构调整，换挡提质，重塑行业发展新优势。行业正处在供给侧结构性改革的重要时机，为适应经济发展新常态和市场竞争新形势，印染行业将依靠科技进步、管理创新、产品开发、节能减排来推进行业结构调整和转型升级，实现有效供给。印染企业成本上涨将推动工业技术的创新和智能化改造的逐步深入，加快数字化、网络化和智能化等核心技术的应用，加强精细化、信息化管理与工艺技术的融合，提高企业的生产效率和管理水平。另外，物联网、移动互联、大数据、云计算等一批信息技术将对行业的转型升级发挥越来越重要的作用，这些技术的结合将有力促进行业在产品设计、生产制造、经营管理、物流配送、市场营销、跨境电商等各个环节的信息化建设。

第三节 纺织机械行业

制造业是国民经济的主体，是立国之本、兴国之器、强国之基。纺织机械行业是我国纺织工业的产业基础，在纺织工业中起着不可替代的作用。纺织机械的品种多，门类广，包括化纤机械、纺纱机械、机织与针织机械、染整机械、非织造布机械、纺织仪器和配套装置、专用基础件以及软件等六百多类产品。"十二五"期间，纺织机械行业企业组成结构发生了很大变化，市场化程度更高，市场竞争更加充分。

"十二五"期间，纺织机械行业以自主创新为动力，以产品结构调整为主线，努力发展高端纺织装备和优质专用基础件。在此期间，纺织机械行业得到了国家相关政策与项目的大力支持。经过几年的努力，纺织机械行业产品结构出现明显变化，自主创新能力有所提高，加工装备水平明显提升，各类纺织机械中均有很多新技术和新产品推向全球市场，中国纺织机械在世界范围内有了更高的地位和更多的话语权。

一、纺织机械行业"十二五"发展成效

1. 行业经济整体运行稳中有增

"十二五"期间，随着产业结构调整的深入，国产中、高端纺织装备发展较快，受到国内外用户的欢迎，纺织机械行业整体运行稳中有增。五年来，行业主营业务收入持续增长，2011 年历史性地突破了 1000 亿元大关。2015 年，纺织机械行业实现主营业务收入 1179 亿元，五年中年均增长 3.64%。接近《纺织机械行业"十二五"发展指导性意见》中提出的 1200 亿元的目标。在全球经济复苏之路曲折，国内经济下行压力不减的大环境下，受纺织工业生产增速趋缓、投资速度回落和能源、用工等综合成本持续上升的影响，纺机行业利润增速放缓，2015 年，实现利润总额 73.14 亿元，五年中年均增长 0.87%。

2. 科技创新成果丰硕

"十二五"期间,纺织机械行业继续坚持走自主创新道路,在产学研用合作模式、技术创新体系建设等方面开展多种形式的探索,产品研发取得可喜成果,生产企业的技术实力和产品竞争力进一步得到提升。"十二五"期间,在世界技术发展潮流推动下,国内纺织机械企业采用数控和网络等新技术,全面提升传统纺织装备的效能,缩短了与世界先进水平的差距。2011~2015年,纺织机械行业共有16项技术和装备获得"纺织之光"科学技术进步一等奖,43项技术和装备获得二等奖。纺织机械行业共有国家认定的企业技术中心四家,分中心一家。

3. 高端纺织装备进步较快

"十二五"期间,国产高端纺织装备进步较快,取得一批成果,发展形势较好。前期的国家科技支撑计划"新一代纺织设备"项目和"新型纺织机械重大技术装备专项"在"十二五"期间结出了丰硕成果,推动了行业的技术创新和新产品的产业化进程,使纺织装备的技术水平得到较快提升,特别是纺织机械数控技术的研发与应用得到了前所未有的推进。国产纺织机械企业通过采用先进成熟的数控技术和零部件,使纺织机械技术水平在短时间内有了较大的发展,"十二五"期间,部分产品达到国际先进甚至领先水平。

4. 国产设备市场占有率和出口额保持稳定增长

"十二五"期间,在科技进步的带动下,国产纺织机械延续"十一五"期间形成的销售势头,市场占有率保持在70%以上,出口金额从2011年的22.45亿美元增长到2015年的30.89亿美元,年均增长9.4%。在我国纺织工业增速降低、内需市场需求下降的情况下,我国纺织机械行业持续进行产品结构调整,企业努力进行新产品开发,并积极开拓海外市场,取得较好的出口业绩,使全行业保持平稳发展。

5. 行业组成结构更加多元化

"十二五"期间,纺织机械行业企业与资本结构都发生了很大变化,民营企业已经成为行业中主体和重要的有生力量,大企业集团通过结构调整提高了竞争力。国内纺织机械企业走出去,实现了海外并购;国外纺织机械制造商走进来,在中国进行生产,部分产品的研发向中国转移。这些变化使我国纺织机械行业的发展充满活力。

6. 行业建设取得成果

全国纺织机械与附件标准化技术委员会(SAC/TC215)完成各年的标准制修订工作,推动了行业的技术创新,促进行业产品结构调整和升级。五年来,纺织机械标准委员会共完成国家标准和行业标准制修订项目共计143项。《纺织机械 安全要求》系列国家标准(GB/T 17780.1～7—2012)获得"纺织之光"2014年度科学技术三等奖。

2012年中国纺织机械协会启动了以企业为核心的"纺织机械产品研发中心"评审工作,共有38家企业被授予此称号,有效促进行业技术进步和创新能力的提高,推动企业加大科技投入。

对纺织机械领域228家内资重点企业中国专利调查结果显示,"十二五"期间这些企业共获授权发明专利996项,授权实用新型专利4176项,比"十一五"期间相同企业所获专利分别增长176.7%和204.6%。

二、纺织机械行业当前存在的问题

1. 基础研究相对薄弱

一些企业在研发资金投入、人才激励机制、知识产权保护以及产学研合作机制等多方面尚不适应装备制造业发展要求,对基础技术的研究不够重视。一些产品研发缺乏理论研究的支撑,部分产品的设计理念、方法和手段还跟不上信息化时代的科技进步。

2. 产品质量和可靠性不稳定

机械制造工艺技术和生产方式已经成为制约纺织机械行业发展的瓶颈。由于国产纺织装备制造、装配技术、热处理及表面处理等工艺技术及质量管理水平有待改进,导致一些机械运行稳定性不高。部分零配件质量差,降低了国产主机的可靠性。

3. 产品同质化情况依然严重

纺织机械行业产业集中度低、产品同质化现象依然严重,是制约行业发展的主要问题之一。一些企业不注重研发、创新,而热衷于仿制,且产品质量低下,通过低价格的恶性竞争取得市场份额。大量低质产品充斥市场,导致市场快速趋向饱和。不规范的竞争导致很多纺织机械企业科研成果受到侵犯,严重影响企业和研发人员的创新积极性。

三、纺织机械行业的发展机遇与挑战并存

纺织工业是我国传统支柱产业、重要的民生产业和创造国际化新优势的产业,是科技和时尚融合、衣着消费与产业用并举的产业。在可以预见的未来,中国仍将是全球纺织产能最大、产量最高的国家。随着结构调整的进行,纺织工业将逐渐由大转强。在此大背景下,我国纺织机械工业面临的机遇与挑战并存,不进则退。

(一)发展的机遇

1. 良好的政策环境

"新常态"意味着中国经济发展进入新阶段,经济增长速度逐渐回落到可持续的中高速增长区间,有利于优化配置和充分利用各种资源,提高经济发展的质量和效益。"新常态"下的经济发展有利于纺织机械行业的转型升级,纺织机械行业将从行业规模高速扩充的发展模式转变为以创新为动力的质量与效益提升的模式,并找到新的发展增长点。《中国制造2025》是我国实施制造强国战略的第一个十年行动纲领,是装备制造业创新发展的政策向导。国产纺织机械依靠实用、功能全且性价比高的特点已经逐渐打开了海外市场。随着"一带一路"建设的推进,海外市场将会出现更多中国制造的纺织装备。

2. 纺织产业结构调整和新兴产业带来的机遇

近年来,纺织产业结构调整带来纺织新产品制造及应用的突破,特别是产

业用纺织品在我国纺织工业结构调整与产业升级中的地位越来越重要,其在性能、成本、用途等方面的优势正在超过传统工业材料,在工业领域发挥日益重要的作用,将成为纺织工业持续发展的主要引擎。产业用纺织品制造装备是多种类型机械与技术的融合、渗透的产物。产业用纺织品应用领域的扩大,为纺织装备制造企业提供了难得的发展机遇,将带动传统纺织机械进入新的创新与应用空间。

3. 新技术、新材料的普及带来纺织机械发展新动力

纺织产业体系庞大而复杂、工艺精细,纺织装备品种繁多、连续运转的特点在工业领域中是独树一帜的。精确、高效和可靠是纺织机械发展中始终追求的目标。传统纺织机械在功能扩展、性能提升和创新纺织工艺方面已经显得力不从心。先进数控技术、新型传动装置、传感器、机器人和新型合成材料的出现和普及,将使传统纺织机械获得新的发展动力和技术源泉,大大提升纺织机械的技术水平和生产效率,降低人为因素的干扰,改善劳动环境。

4. 对高端纺织装备的需求增加

高性能纤维和产业用纺织品在新应用领域的拓展,传统面料产品新功能、新特性和新风格的出现,不断引发纺织业的技术革命。纺织新工艺和新技术层出不穷,促使纺织机械行业创新向价值链高端延伸,走高可靠性、高技术和高附加值的高端发展路线。高端纺织装备在中国纺织产业链中逐渐占据核心地位,其发展水平是纺织产业整体竞争力提升的保证。

(二)面临的挑战

1. 创新面临的挑战

国际知名纺织机械企业科技进步的速度加快,而且加大了针对中国市场的研发力度。我国纺织机械行业发展面临人才、质量、知识产权和成本等诸多挑战。纺织机械行业面临既缺乏高端研究型人才,也缺少熟练技师的窘况,人才年龄偏大,知识陈旧,人才结构和知识结构不能满足装备制造业发展的需要。大专院校的纺织机械类专业教育被边缘化,专业课时少、教材更新缓慢、课程设

置不合理等问题突出。

2. 质量面临的挑战

国产纺织装备主机和专用基础件的制造质量与发达国家的产品相比,总体尚达不到超越的水平。近年来,一些发达国家通过制造流程再造,提高了生产效率,降低了废品率和生产成本,对正在发展高端产品的中国加大了质量优势。一些发展中国家也在加大纺织机械的研发投入,产品已经出口到中国市场,我国纺织机械制造企业将面对双重挤压。

四、纺织机械行业发展形势

1. 经济运行态势

随着中国经济进入"新常态"和纺织工业结构调整的深入,"十三五"期间,纺织机械行业进入新一轮结构调整发展时期,行业放缓规模扩张速度,主营业务收入在稳定的基础上增长;而伴随产品技术含量的增加、创新力度的加大,国产纺织装备的市场占有率和出口金额有所增长。

2. 装备产品与制造智能化

在数控技术被广泛采用的基础上,"十三五"期间,纺织机械行业主要技术研发方向是纺织装备产品智能化和装备制造智能化。产品智能化是通过提高纺织装备主机的数控水平和智能化程度以及研发智能化辅助系统,为下游纺织用户提供智能化生产解决方案。装备制造智能化是通过引入智能化机床和辅助机器人等设备,改进与优化自身生产过程。两方面的智能化都将有效减少人为因素对生产的干扰,提高生产效率,稳定并提高产品质量,降低工人的劳动强度,提高优等品率。

3. 装备制造与应用的信息化

传统制造与云平台、大数据、互联网等技术结合,将使信息化和工业化深度融合,为纺织装备制造与应用提供良好的技术支撑。实现机器的集中控制、联网管理与远程监控制造过程,将有效提高生产效率,减少消耗;在品质控制环节,通过对大数据采集与分析,有助于优化生产工艺和改进产品的质量;在销售与售后阶段,通过互联网平台实现资源的有效配置,减少流通环节,降低运行成本。

4. 装备制造服务化

纺织装备制造企业可向下游延伸服务,为客户提供全生命周期的维护与在线支持,提供纺织品生产整体解决方案和个性化设计以及电子商务等多种形式的服务。有条件的企业应积极发展精准化的定制服务,从单一的供应设备,向集融资、设计、施工、项目管理、设施维护和管理运营的一体化服务转变。大型纺织装备制造企业应掌握系统集成能力,开展总集成与总承包服务。鼓励装备制造企业围绕产品功能,发展远程故障诊断与咨询、专业维修、电子商务等新型服务形态。

5. 发展的可持续性

纺织机械及专用基础零部件质量和可靠性的稳步提高,是纺织生产高效连续运行的保障,是提高国际竞争力的基础。"十三五"期间,制造与装配新技术、新工艺、轻量化新材料的应用将成为纺织机械企业关注的重点。对环境影响小、资源利用率高的绿色制造技术的研究与应用,关乎纺织机械行业的未来。

五、印染机械

近年来,在国家环保政策的压力加大和纺织工业结构调整的以及数控新技术日益普及的多重作用下,加快了国产印染装备制造领域产品结构调整和技术进步的步伐。

(一)"十二五"回顾

"十二五"期间,我国印染机械制造业取得了一定的成就,总体技术水平上升,国产印染设备的市场占有率不低于85%。国产印染机械以价格低廉,产品的工艺适应性好,服务及时,易维修等特点,受到国内印染企业的欢迎。新型印染设备数控系统与高端节能环保的印染设备研制成功,达到国际领先水平。印染设备工艺参数在线检测与控制技术已取得长足发展,"筒子纱数字化自动染色成套技术与装备"获得 2014 年度国家科学技术进步奖一等奖;"SYN 8 高温气流染色机"获得 2014 年度中国纺织工业联合会科学技术进步奖一等奖;"多功能缩绒整理机""图像自适应数码精准印花系统"获得 2012 年度中国纺织工业联合会科学技术进步奖一等奖;"面向数字化印染生产工艺检测控制及自动配送的生产管理系统研究与应用"获得 2012 年度中国纺织工业联合会科学技术进步奖一等奖。所有获奖的项目的共同特点是节能减排技术和数字化监控技术是它们的核心关键技术。

中国是印染机械产品最大的生产国之一,国产印染主机和零部件的质量和可靠性有待进一步提高。产品发展具有一定的盲目性,中低端产品产能在不断增长,技术含量不高,专用基础件市场混乱,产品同质化情况较严重。印染机械行业的创新与研发投入总体偏低,一些中低端产品制造企业的研发力量薄弱,以跟风仿制为主,导致市场恶性竞争加剧,对高端产品造成一定冲击。

(二)技术、产品与市场发展趋势

1. 技术和产品发展趋势

受国内经济增长放缓和国际经济不景气的影响,印染布产量逐年下降,"十三五"期间印染机械制造业总体面临需求减少的压力。国内部分印染产能转移国外带来装备出口量增长、印染工业集聚区企业搬迁带来技改红利、来自国外同行竞争的压力日渐减小等多方面有利形势。

环保、节能、短流程、数字化监控与智能化是印染机械的方向发展。节能与节水始终贯穿印染机械的发展历史中。随着时代的进步,环保和短流程的理念引起印染机械制造界的重视,近十年来数控技术的普及为印染机械开辟了一个全新的发展空间,智能化则将使人们对印染这个古老的工艺赋予新的定义。

印染是有着悠久历史的传统工业,国产印染设备经过几十年的发展,流程已经基本定型,机器结构十分成熟,连续式和间歇式印染设备均可以满足大多数印染工艺的要求。在前期发展的基础上,"十三五"期间,继续发展印染流程数字化监控技术与设备,用新技术改变传统印染工业的生产、管理模式,提高生产效率,节约资源,降低面料产品的返修率,减少人为因素的干扰。

2. 市场发展趋势

"十二五"期间,印染机械市场需求发生很大变化,受印染行业结构调整和印染布需求量下滑的影响,以往因为扩大产能而旺销的前处理等连续湿整理等设备销售量徘徊不前;满足节水和环保要求的气流染色机和节能效果较好的拉幅定形机受到市场欢迎;数控新技术产品的不断出现,促进了数控装备与数控系统的销售,数控的圆网和平网印花机、数码喷墨印花机、在线监控装置等销量增加。

第二章　染色基本理论

第一节　染色过程与原理

染色是用染料按一定的方法将纤维纺织物染上颜色,使染料和纤维发生物理或化学结合的加工过程。纺织纤维有不同的染色性能,使用的染料和染色方法也不同,染料的上染性能与纤维和染料在溶液中的性质有关。

所谓上染,即染料从染液(或其他介质)向纤维转移,并将纤维透染的过程。染料上染过程大致可以分为三个阶段:染料从溶液向纤维表面转移并吸附在纤维表面,吸附在纤维表面的染料向纤维内部扩散以及染料在纤维上的固着。只有纤维表面和内部的染料分布均匀一致,上染过程才能结束。因此,上染过程的三个阶段是相互联系、彼此制约的。分析染料的上染过程及其工艺条件的影响,是制订染色工艺和获得商品染色品质的基础。分析染色浴比与染料快速上染变化的工艺技术是当前染整技术类的重点,浴比变化在某个程度是决定并影响质量与成本的关键,思维变化与技术取向在实践中需要尽快完善。

一、染料从溶液向纤维表面扩散和吸附

1. 扩散边界层

从染液扩散到纤维表面的染料,很快被纤维吸附,使纤维附近的染液,染料浓度降低,只有加速纤维和染液之间的流动,使纤维四周的染液不断循环更新,才能使上染过程继续进行。但是不管染液怎样流动,在纤维周围的液体总有一个边界层,在这个边界层里,物质的传递主要通过扩散而不是液体流动完成的,

这个边界层称为扩散边界层。上染时,染料随着染液的流动到达扩散边界层,靠自身分子的运动,通过边界层扩散到纤维表面吸附,染料自身的扩散速率要比液体流动传送染料的速度慢得多,所以,扩散边界层的厚度对染色速率有一定的影响。扩散边界层随染液流速的增加逐渐变薄,因此,加强染液的循环,提高染液的流速,提高上染压力,改变浴比变化下的压力条件是改善染色效果的关键因素。减小扩散边界层厚度是提高染色速率的重要途径之一,它不仅可加快染料到达纤维表面的速度,还可以使扩散边界层的厚度更趋于均匀,使染料能够均匀吸附上染。

2. 直接性

染料从染液中向纤维表面转移及上染的能力,通常用直接性来表征,直接性是染料对纤维亲和力的定性描述,其大小与染色温度、电解质、浴比、pH 值、染料浓度和助剂等因素有关,循环流量与浴比的降低是提高染料上染直接性的关键,因此它具有工艺变化的特性。直接性的高低可以用染料的"上染百分率"来表示。在相同染色条件下,上染百分率高的染料直接性高,上染百分率低的染料直接性低。

"上染百分率"是上染到纤维上的染料量占投入染浴中染料总量的百分率。上染百分率的高低与染料浓度等因素有关,因此,直接性只表示染料在一定条件下的上染性能。例如,浴比大,平衡时的上染百分率就比较低。浴比是染液重量(体积)对织物重量的比值。

染料对纤维的直接性,主要来源于染料和纤维分子间的作用力,包括库仑力、范德瓦尔斯力和氢键等。

3. 染料的吸附

染料扩散到纤维表面,并通过氢键、范德瓦尔斯力或库仑力等分子间力被纤维吸附。染料的吸附是一个可逆过程,在上染过程中,吸附和解吸同时存在,已吸附到纤维上的部分染料也会解吸到染浴中,然后又重新被纤维的其他部位吸附,如此反复直到达到吸附平衡。

4. 染色体系的分子间作用力

染料的聚集和溶解、在纤维上的吸附和解吸都是各种分子(或离子)间力在起作用。染料溶解需要拆散水分子之间和染料分子之间的结合,形成染料和水分子间的结合;同样,染料从溶液上染到纤维上,则要拆散染料和水分子、纤维和水分子间的结合,形成染料和纤维的结合。解吸的情况与此相反。在这些过程中,分子(或离子)间的作用力包括库仑力、范德瓦尔斯力、氢键和配位键等。

二、染料向纤维内部的扩散

染料在纤维内的扩散,是一个很缓慢的过程,它是决定染色速率的关键步骤。因为染料在纤维内的扩散,既受到纤维分子的引力,又遇到纤维结构因素产生的障碍,如果染料对纤维的亲和力大,则分散更难。一般,染料分子小、对纤维亲和力不高、纤维的结构较疏松时,染料扩散容易、染色速率较快,仅染色牢度较低。

1. 扩散模型

(1)孔道模型。孔道模型用来描述染料在亲水性纤维中的扩散情况,如棉、黏胶等纤维。染色时,染液使纤维溶胀,形成许多曲折而互相连通的小孔道,纤维孔道里都充满染液,染料分子(或离子)通过孔道中的水向纤维内部扩散。在扩散过程中,染料分子(或离子)会不断在纤维孔壁上吸附和解吸。孔道内可以游离扩散的染料越多,扩散就越容易。

(2)自由体积模型。自由体积模型用来描述染料在疏水性纤维内的扩散情况,自由体积是纤维总体积中未被大分子链段占据的一部分体积,在 T_g 以下,以微小孔穴分布于纤维中。在 T_g 以上,鉴于分子链段的运动,可能出现较大的自由体积。染料分子就循着这些不断变化的孔穴,逐个"跳跃"向纤维内扩散。扩散速率随链段"跳跃"概率的增多而提高。

2. 影响染料扩散的因素

(1)扩散活化能。扩散活化能是染料分子克服扩散阻碍所必须具有的能量。扩散活化能越大,表示染料扩散难度越大,其关系符合阿累尼乌斯(Arrhenius）方程式：

$$D_{\mathrm{T}} = D_0 \mathrm{e}^{-\frac{E}{RT}}$$

（2-1）

式中：D_{T}——扩散系数；

　　　D_0——常数；

　　　R——气体常数；

　　　T——绝对温度；

　　　E——活化能。

提高染料扩散速率，不仅可以缩短染色时间，而且有利于匀染和透染。

（2）扩散速率。扩散速率首先取决于染料分子和纤维微隙的大小。染料分子越大，越难以扩散；纤维微隙小、结构紧密、结晶度高，染料的扩散系数就低。染料与纤维的亲和力越高，扩散速率越低。可提高染色温度，可以减少染料的聚集，增加染料分子的动能，可提高染料的扩散速率。纤维练漂充分、润湿性好，染色时纤维能充分溶胀，如加入有助于纤维吸湿溶胀的助剂（膨化剂）、减小扩散阻力，都有利于染料的扩散，加速上染过程。对扩散活化能较大的染料，温度的作用更为明显。一般通过提高染色温度加快上染速率，但温度提高往往使染料与纤维间的亲和力降低，从而影响染料的吸尽。为了促使染料吸附上染，可以在染色后期降低温度续染一定时间。

三、染料在纤维上的固着

染料在纤维上的固着是上染的最后阶段，它对染色牢度影响很大。染料在纤维上的固着，主要通过库仑力、范德瓦尔斯力、氢键、共价键、配位键等。

1. 库仑力

带有相反电荷的染料和纤维，通过静电引力（库仑力）吸附上染，以离子键（也称盐式键）结合。例如，酸性染料染蚕丝、阳离子染料上染腈纶。离子键的强弱（库仑力 f）与它们所带电荷 q_1、q_2 的强弱成正比，和 q_1、q_2 间的距离 r 的平方及介质的介电常数 ε 成反比，即：

$$F = \frac{q_1 q_2}{\varepsilon r^2}$$ (2-2)

带有同性电荷的染料和纤维间存在库仑斥力。染色时,需削弱斥力才能上染。

2. 范德瓦尔斯力

范德瓦尔斯力包括偶极力、偶极/诱导偶极引力和非极性分子间色散力。范德瓦尔斯力比库仑力和共价键弱,是近距离引力,作用距离为 0.3 ~ 0.4nm。随着分子间距离的增大,范德瓦尔斯力急剧减小。范德瓦尔斯力的大小与染料、纤维分子结构和形态以及它们的接触面积有关,染料的相对分子质量越大,分子的线性、共轭性和共平面性越好,范德瓦尔斯力也越大。一般染色体系,都存在范德瓦尔斯力,但它的作用大小不同。

$$E = \frac{2}{3} \frac{d_1^2 d_2^2}{r^6 KT}$$ (2-3)

式中:

E——偶极力;

K——常数;

T——温度;

r——分子间距离;

d_1、d_2——不同分子的偶极距。

3. 氢键

两个电负性较强的原子通过氢原子形成的取向结合,叫做氢键。氢键的强弱和氢连接原子的电负性大小有关,其电负性越强,形成的氢键就越强。

两个分子之间能产生氢键,一个分子内部也能形成氢键。因此在染料分子与纤维分子形成氢键的同时,原有的氢键将发生断裂。氢键的能量、作用半径都和范德瓦尔斯力的能量、作用半径属于一个数量级,染料和纤维分子中一般都含有供氢和吸氢基团,因此氢键也普遍存在于各纤维染色体系中。

4. 共价键

共价键主要是含有活性基团的染料和具有反应基团纤维的结合,例如,活性染料与纤维素纤维和蛋白质纤维之间,在一定条件下反应生成共价键。共价键结合的能量要高于其他键结合的能量。

5. 配位键

配位键是通过铜、铬等过渡金属离子和纤维分子形成的配位结合。

离子键、共价键、配位键结合的键能较高,由这些键形成的吸附属于化学吸附或定位吸附。范德瓦尔斯力和氢键引起的吸附属于物理和非定位的吸附,范德瓦尔斯力和氢键结合的键能较低,但在某些染色体系中起着重要作用。实际染色中,往往不是单纯只有某一种力存在,而常是几种力同时作用。

第二节　染色速率

一、上染速率曲线

在一定温度下,上染百分率随时间变化所得的曲线称为上染速率曲线。上染过程中,染料在纤维上的浓度(上染百分率),随着时间的延长逐渐增加,如图 2-1所示。

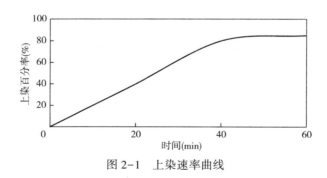

图 2-1　上染速率曲线

二、平衡上染百分率

上染初期,染料吸附速率较快,上染百分率不断增加,随着时间的推移,吸附速率逐渐降低,而解吸速率逐渐升高,上染速率逐渐减慢,最后吸附和解吸速率相等,达到平衡。但染料吸附积聚于纤维表面,尚未完全扩散到纤维内部,成"环染"(白芯)状。当染料逐渐扩散到纤维内部,最后把纤维染得匀透,上染百分率不再随着染色时间的延长而增加时,染色达到平衡,这时的上染百分率叫做平衡上染百分率,它是在一定染色条件下,所能达到的最高上染百分率。

平衡上染百分率的大小,与纤维和染料分子的结构和性质以及染色条件有关,如染色温度、染液浓度、助剂和用量等,与电解质也有关,如在棉纤维染色达到平衡时,加入食盐等电解质,平衡被打破,上染百分率继续增加,直到达到新的平衡。但电解质对不同类别的染料影响并不同,而且提高电解质浓度,也会引起染料聚集沉淀,反而影响染色性能。

染料的吸附是放热过程,而解吸是吸热过程。因此,提高染色温度,有利于解吸,使平衡向解吸的方向移动,导致平衡上染百分率降低。

通常染位达到平衡,需要的时间很长,实际生产中很少能等到真正的染色平衡。因此,染色速率常以半染时间 $t_{1/2}$ 来表示。半染时间是达到平衡上染百分率一半时所需的染色时间。如果两种染料的平衡上染百分率不同,但它们的半染时间相同,表明它们趋向于平衡的快慢是一致的。染料拼色时,应选用半染时间或上染速率曲线(染色速率)相近的染料,染色才能得到稳定的色光和良好的重现性。

三、升温上染速率曲线

染料上染速率与温度有关,温度升高,上染速率增加,半染时间 $t_{1/2}$ 缩短,达到染色平衡所需的时间缩短,但平衡上染百分率降低,如图 2-2 所示。在浸染时,初始染液浓度较高,宜用较低温度,降低初染率,减少吸附不匀现象。随后逐渐升高温度,可以缩短染色时间,最后再降温以获得较高的上染百分率。其工艺过程可以通过升温上染速率曲线体现,它表示上染百分率与时间和温度的关系。

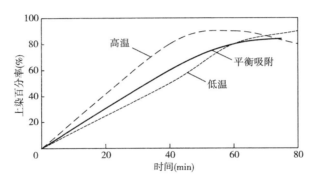

图 2-2 升温上染速率曲线

四、上染速率曲线的意义

（1）从上染速率曲线和升温上染速率曲线可以分析制订合理的染色工艺，以获得较高的上染百分率、良好的匀染性和重现性。

匀染性是指染料在染色品表面及内部均匀分布的程度，它是衡量染色产品质量的主要因素之一。匀染与染色速率有关，上染初期的移染主要是发生在界面的移染，上染后期主要发生全过程的移染。移染是指染料从纤维上浓度高处向浓度低处的扩散。界面移染是指染料由溶液吸附到纤维表面，还未扩散进纤维内部时就解吸、再重新吸附到上染少的部位。全过程移染是指已经扩散在纤维内部的染料，扩散到纤维表面解吸，再重新吸附到上染少的部位的过程。

通过移染可以不同程度地补救上染不匀的现象，但更重要的是控制上染速率，使染料均匀吸附，从而防止或减轻上染不匀现象。移染性能好的染料容易获得匀染的效果，但耐水洗色牢度较低。对于移染性能较差的染料，即使延长染色时间、加速染液循环，也很难获得匀染的效果。一般亲和力较高的染料移染性能不高，一旦上染不匀，完全依靠移染，延长上染时间也难以补救。

（2）开始上染速率曲线的斜率大，表示初染率高。对于初染率很高的染料，容易上染不匀、不透；但上染速率太慢、上染百分率太低的染料，又不经济。

同一只染料在不同的染色温度，上染速率不同。染色温度越高，上染速率越快，达到平衡所需的时间越短，但平衡吸附量会降低。实际染色时，为了提高染色效率,节约染色时间,往往在上染百分率最高时结束染色,显然时间短、温度高(如 100℃)时上染百分率高。

对于上染速率高的染料,可采用较低的温度染色;对于上级速率低的染料,应选用较高的染色温度,以获得高的上染率和好的匀染性。

(3)由升温上染速率曲线,可以得到平衡上染百分率和半染时间。由此确定不同染料拼色配伍性的好坏,配伍性好的两种染料上染曲线应相互重合或具有同步性,半染时间相似的染料上染速率相近,拼色重现性好。

五、上染百分率和上染速率的影响因素

影响上染百分率和上染速率的主要因素,是染料对纤维的亲和力、染料在纤维内的扩散速率。这些又与电解质、温度、pH 值、浴比、染料的用量、纤维的比表面以及染色时加入的助剂等有关。

1. **电解质的影响**

电解质可以改变纤维的带电情况,由此改变染料上染速率。例如,直接或活性染料染棉时,加入中性电解质食盐或元明粉,染液有更多的 Na^+ 吸附在纤维表面,使纤维表面的 ζ 电位降低,减小对染料的静电斥力,上染速率提高。中性电解质在某些染色体系中也有缓染作用,如腈纶用阳离子染料染色时,加入中性盐可起到缓染作用。

2. **温度的影响**

提高染色温度,可以增加染料分子的动能,提高染料的扩散上染速率和染料的移染性能。同时带来的缺点就是快速盐析与积聚的风险,也是工艺实践中如何合理利用扩散剂(阴离子型最佳)、分散剂(阴离子型最佳)配合改变的一个工艺技术。

3. **pH 值的影响**

酸性染料对蚕丝、聚酰胺纤维的吸附匀染速率,随染液 pH 值的降低而增加。因为降低 pH 值,蛋白质纤维可以形成更多带有正电荷的—NH_3^+,吸附染料中的阴离子。因此,调节染液的 pH 值也可以控制染料的上染速率。1:3 的

低浴比活性染料染色条件中最有利于匀染提高质量效果的 pH 值范围是4.0~6.0。

4. 助剂的影响

助剂对染料的缓染作用,一类为亲染料型助剂,与染料形成不稳定的复合物,控制延缓染料的上染速率;另一类为亲纤维型助剂,它比染料更快地扩散到纤维上,随着染料向纤维的扩散,再逐步被取代,使上染缓慢。

此外,纤维越细其比表面越大,染色速率越快;浴比小、染料的用量多,上染速率快。

助剂的表面活性泡沫在低浴比的工艺应用中直接影响循环结构的空气汽蚀障碍,在没有降低泡沫阶段就严重影响纤维之间的空气无法及时清洁排空,导致染色不匀,所以要注意选择小分子高分散效果的助剂对低浴比(1∶3)工艺以及设备是一个基础条件,也是重点。

第三章 筒子纱染色

第一节 筒子纱染色的发展

纱线染色历史悠久,而筒子染色起源于德国,至今已有120多年的历史。20世纪年代初原纺织工业部曾从国外引进过纱线筒子经轴染色机,可惜未能成功使用,由于纱线染色的需求最后企业将该染色机改为绞纱染色机;20世纪70年代,由于涤纶混纺色织物的大量生产,国内少数色织染纱企业开始进行涤纶混纺纱的筒子染色;20世纪90年代,由于外企大量采用筒子染色,再加上染色设备功能的不断进步,筒子纱染色在我国有了一个飞速的发展,并全面运用于各种成分的纱线长丝染色。

随着市场对纺织产品各方面要求的不断提高以及劳动力流动的加速,筒子纱和经轴染色在我国将会越来越普及,并在针织和色织行业普遍应用。

(1)筒子纱染色。将短纤纱或长丝卷绕在布满孔眼的筒管上,要求卷绕密度适当、均匀,一般称为"松筒",然后将其套在染色机载纱器(又称平板、吊盘、纱架等)的染柱(又称纱竹、锭杆、插杆等)上,放入筒子染色机内,借主泵的作用,使染液在筒子纱线或纤维之间穿透循环,实现上染的方式为筒子染色。

(2)经轴染色。按色织物经纱色相和数量的要求,在松式整经机上将原纱卷绕在有孔的盘管上形成松式轴,可看成是一只大筒子,再将其装在染色载纱器上,并放入经轴染色机内,借主泵的作用,使染液在经轴纱线或纤维之间穿透,实现浸染,以得到色泽均一的经纱的方法叫作经轴染色。

一、筒子纱、经轴与绞纱染色对比

绞纱染色、筒子纱染色和经轴染色三种方式都属于浸染,所用染化料、助剂、染色工艺基本一致,但由于它们的填装方式不同,整个生产流程不同而有所差异,但筒子染色和经轴染色之间的相似之处较多,详见表3-1。

表3-1 绞纱染色、筒子纱染色、经轴染色的比较

比较项目	绞纱染色	筒子纱染色	经轴染色
工艺流程	长	短	更短
占地面积	大	小	小
纱线均匀程度	较差	较好	较好
产生回丝	多	少	小
劳动强度	大	小	小
浴比	大	小	小
水、电消耗	少	多	更多
设备有效荷载	小	大	更大
产生污水	多	少	少
纱线复绕速度	慢	快	不需
自动化程度	低	高	高
对操作工技术要求	很高	低	低
上马难度	难	易	易
设备及要求	简单、要求低	复杂、要求高	复杂、要求高
投资	少	大	大
织物风格	蓬松、丰满	织纹清晰	织纹清晰、无条花

从表3-1比较可知,纱线筒子、经轴染色有很多优点,是纱线染色技术发展的方向。

二、筒子纱、经轴染色的主要特点

筒子纱、经轴染色总体色泽亮丽、柔软、饱满、清新、环保,科技含量高,利润

高,适应性强,其色纱产品是针织、机织、毛衣、织带、装饰面料及工艺品的理想原料;总体染色流程短、工艺水平高;同时,对现场管理要求严格,质量技术指标高。

三、筒子纱、经轴染色的局限性

筒子纱和经轴染色虽然具有很多优点,但是如果设备选用不当,染化料、助剂采用不科学,工艺设计不合理,染色质量也会出现问题。可以说,纱线筒子、经轴染色虽然对实际操作人员的要求比较低,但是对设备、自动控制、工艺人员的技术要求都很高,尤其是因为染色的筒纱和经轴是紧密缠绕在筒子和轴管上的,具有一定的密度,容易产生内外层色差,造成颜色的批差和爆轴问题,同时染色和后处理时间较长,水电消耗较大。另外筒子纱、经轴染色的投资比绞纱染色也要大得多。目前国内染纱工厂能够真正做好筒子纱、经轴染色的工厂还不多。

第二节　筒子纱染色一次命中率

一、筒子纱染色常见的问题

筒子纱线染色过程中,如果染色条件控制不当,将会导致各种染色缺陷。常见的筒子纱染色缺陷包括色花、层差、缸差、色牢度差、毛羽等。

1. 色花

色花是指染色后纱线表面出现颜色深浅不同的斑块痕。造成这种缺陷的因素很多,主要与匀染剂的使用不当有关。为了改善匀染效果,需要向染液中增加匀染剂的添加量,而匀染剂与纤维或染料有很好的亲和力,过大的匀染剂用量会导致染料上染到纤维上的量减少,残余在染液中的染料增加。这种缺陷在高温条件下使用匀染剂可进行修复,使染料从深色区移染到浅色区,此时只要控制好染液的电解质、pH 值,修复率可达到 95% 左右。

2. 层差

层差是指筒子纱染色后,纱锭内、外侧纱线的颜色不均匀的缺陷,一般是由内向外颜色逐渐变浅。原因主要有以下几点:

(1)人的因素。主要是车间的操作工人熟练程度不够,人员实际操作能力不足,还有工人的责任心不够,这些都会影响染色的质量,造成纱线和经轴的内外层色差。

(2)物料的因素。染料的上染率太高,匀染性较差,例如,在染色中常见的艳蓝色,染色的匀染性就非常差,经常出现内外层色差;还有染料的配伍性和重现性也会对内外层色差造成较大影响。

(3)染色方法的因素。染色方法对染色的内外色差也有很大的影响;松式的筒纱或经轴密度过大或不匀,纱线的重量过大都会对染纱的内外层色差影响较大,需要重点控制。

(4)设备的因素。设备故障率高,影响正常染色,造成内外层色差;染缸比例、加药装置性能不稳定,在加碱过程中经常时快时慢,这也是产生内外层色差的主要因素;小药缸和大副缸的清洁,对内外层色差也有着一定的影响。

3. 缸差

缸差是指使用不同的染缸对同一种纱线染相同的颜色时出现的色差。这种缺陷主要受染色浴比、染色助剂的使用、染色时间、温度等因素的影响。

4. 染色牢度

染色牢度,简称色牢度,是指纱线染色后在受到外界因素(如水洗、挤压、摩擦、暴晒、雨淋等)条件下,保持其原来色泽的能力。染色牢度差,纱线容易掉色。这种缺陷与固色剂用量、水洗工艺有很大的关系。

5. 毛羽

毛羽作为纱线质量重要的衡量指标之一,表现为纱线表面的光洁程度。染色过程出现这种缺陷主要与纱线密度、主泵循环频率及内外压差等因素有关。

二、染色一次命中率

一次命中率(FPY):为英文 First Pass Yield 缩写,是指从下缸投染到出缸没有经过任何加色、水洗、回修而直接染色合格的缸数除以总合格缸数。

重现性染色是达到高度的"一次命中"和匀染性,准时交货,是染纱、色织工厂在当前激烈竞争环境下生存的本质因素;在当前激烈的市场竞争下,要求企业对成本进行严格控制,避免因染纱造成的染疵、修色、重染和客户投诉。而如果具有较高的染色一次命中率,就能够降低成本,提高生产效率。

(一)影响染色一次命中率的因素

1. 人的因素

染色是一项化学变化,每一环节都需要人来协调,所以人是染色一次命中率的灵魂,因此在生产过程中容易出现人为原因造成的问题。

(1)颜色质量信息反馈不良。质量控制人员对颜色信息反馈不够及时,生产准备计划员对翻单或单品种未注明原单或品种,造成后面对色失误。

(2)对色标准不准确。制订的纱线颜色标准时间过长,纱线标准被弄脏和变色,在大生产翻单和补单时不明确标准,有些同颜色不同纱支的花型,只有一种纱支的标准,无同纱支色样标准,都会造成生产对色失误。

(3)车间调色师和对色人员对色不良。由于对色人员对颜色分辨不同,会产生人为目光误差,或因个人的马虎大意造成判断失误,致使对色不准。

(4)车间工人操作不良。严格精确的操作是产生规律的基础。而操作不良主要表现在运纱、运料、装纱不良、检查不够、处理措施不良、信息反馈不及时、不准确等。

(5)调色师调方经验不足。调色师对小样放大样情况把握不准,调多或调少,都会造成颜色不合格。

(6)生产各工序人员的责任不明。对于产生回修的颜色没有落实到个人,说不清、道不明,不能够引起全体员工的重视。

2. 料的因素

染化料质量的稳定性、染料组合的合理性也直接影响一次命中率提高。

(1)染料组合不当。染色所用的染料组合众多,而且许多染料组合稳定性一次合格率仅为30%~40%,染料组合不当导致合格率低是至关重要的一环。

(2)染化料稳定性差。H_2O_2、Na_2SO_4、$NaOH$等纯度不同会影响前处理纱白度,上染性不同影响染料上染,不便于调色师跟踪调方规律。染料力份不稳定,复板时用的批号与大缸生产的批号不同,从而造成复板不准,复板与大缸生产一致性降低。

3. 机器的因素

机器设备是生产的先决条件,是染色一次命中的基础。设备的先进与否和性能的优良程度直接影响一次命中率的高低。

(1)设备故障率高,影响正常染色。

(2)各染缸性能不一致,导致放样难度。

(3)设备的稳定性则是导致回修纱颜色规律性混乱的主要因素。

设备是保障染色成功的基础,如果经常发生主泵偷停,压力不稳,主、副缸漏料,密封不良,量具不良,化料系统故障等,导致的结果不仅是此缸纱回修,而且有可能导致调色师调色规律的混乱。

4. 环境因素

染纱车间的环境因素是提高染色一次命中率的关键。如调色师须统一眼光、翻单品种由最初的发计划单后审核到发计划单前审核,不同纱支染纱复板、建标准颜色卡,同染料供应商技术服务人员一起探讨解决染料性能、组合和大货与小样颜色差异过大等一系列问题。

5. 方法的因素

包括大小样工艺、打板、复板、吸料等各工序,如果方法正确,用量准确,自然而然就减少不必要的回修。

(1)大小样工艺差异。由于时间、温度、操作流程的不同导致化验室小样工艺与大货生产工艺不完全相符,致使大缸与小样颜色差异较大,主要是由于时间、压力、张力、染液流速等因素。

（2）复板不准。由于复板人员责任心不强，水平不高或状态不佳，复板不准确就开方，导致染色用量不准、颜色产生差异，致使一次命中率下降。

（3）吸料不良。自动滴液机的吸料不准，一台按体积计量用量来计算实际用量的滴液机精度不高，一台按重量计量来计算实际用量的滴液机由于地面震动从而影响称料精度，产生称料误差，影响染色一次命中率的提高。

以上就人、机、料、法、环五个方面总结影响染色一次命中率主要的影响因素，针对以上因素，须通过经过不断实验、不断探索、不断改进和不断总结，使染纱的一次命中率提高。

（二）提高染色一次命中率的具体措施

1. 严格把好对色关

（1）建立计算机测配色对色标准，采用计算机对色，将计算机值储存，防止标准样变色，若有变色须重新建立标准。

（2）重视对色人员的招聘与培训。

（3）统一对色标准。对色采用人眼为主，计算机为辅的对色标准。

染纱利用 DATACOLOR 对色仪，制订调色师开方规程如下：

①助理目光判定合格且 $\Delta E<0.6$，调色师目光判定合格，开大货板。

②调色师目光判定不合格，不能开大货板。

③助理目光判定合格但 $\Delta E>0.6$，不能开大货板。

对特殊情况，不能满足要求的须报请上级部门决定可否开大货板。

（4）技术部客板样改良纱线颜色标准板。客板样及时更换过期的和有变色的颜色标准；建立相同纱支的颜色标准。

（5）技术部对于翻单、补单品种必须注明其原单品种及补单原因。

2. 优化染料组合

（1）组织实验，总结生产规律，减少染料组合数量，优化染料组合，加强染料组合与合格率统计分析，逐步取消导致一次合格率低的组合。

(2)加强不同染料组合规律的统计、总结。

3. 加强设备的维护及引进先进的染色设备

(1)添置新设备,如引进新型先进小样机、试样机。

(2)更改小样机安装位置,避免由于振动操作、位置不适等原因造成的小样误差。

(3)统计各机台故障率,淘汰无法正常运作的设备。

(4)统计各机台命中率,针对命中率低的缸进行检查改进。

(5)投缸前对设备进行检查,且做好预防维修。

4. 加强对染色所用染料助剂性能的测试

(1)加强不同批次染料性能的检测。对于染纱所用的三原色组合,要求单只染料的批差控制在 $\Delta E < 0.3$,对于一般组合,单只染料的批差控制在 $\Delta E < 0.5$。如果染料超过规定,一律作退货处理,重新供货。

(2)加强对助剂固含量等性能的检验。保证染色所用助剂的性能完全能够满足生产的使用需求。

5. 完善色纱质量档案制度

通过计算机对色仪,建立色纱档案,将颜色、生产质量、情况输入计算机。若要染色号时,先从计算机中找到最近的颜色,查看质量情况,再确定颜色配方,做到事先采取措施,保证染色一次命中率。

第三节　筒子纱染色工艺

筒子纱线染色的基本工艺流程如图3-1所示。

一、坯纱

坯纱是指棉纱厂纺织出来的紧筒纱线,它未经任何化学处理,颜色为棉花本来的颜色。

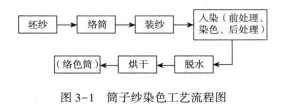

图 3-1 筒子纱染色工艺流程图

二、络筒

根据纱线染色时的需要,将紧筒坯纱通过松式络筒机缠绕成符合染色要求的筒子纱锭,包括筒子纱的形状、纱锭个数及重量、纱线缠绕密度、筒子纱的锭长等。松纱过程中要严格控制以上参数,尤其是纱线缠绕密度,从而防止纱线在染色过程中出现内外层差、染花等染色不均的问题,并保证纱线的表面质量及强力。

三、装纱

装纱是指将经松式络筒机松好的筒子纱锭装在筒子上。装笼时,要保证筒子和轴同心,并锁紧锁头,防止在染色过程中由于液流冲击而产生振动。

四、入染

入染环节的工序在筒子纱染色机中完成,入染包括前处理、染色、后处理三个阶段。其染色过程中,主要是控制主缸内染液按照工艺温度曲线进行升、降温,根据纱线材料、上染颜色、染料性质的不同,温度工艺曲线有不同的升降温速率及其保温时间,除此之外还有 pH 值控制、加染料、加助剂、洗水、排水等辅助工序。水洗的次数、染色助剂的选择及用量根据纱线材料及上染颜色的深浅确定。筒子纱染色过程中的能量流动和物质消耗情况如图 3-2 所示:坯纱进入染缸内,经过前处理、染色、后处理的染色过程,输出具有牢固颜色的纱线。整个染色过程要消耗水、电、蒸汽、染助剂等,排放染色废液。为了提高绿色生产能力,可通过各种技术手段,实现对染色废液中染助剂、热量的循环利用,以节约能源和降低污水排放。

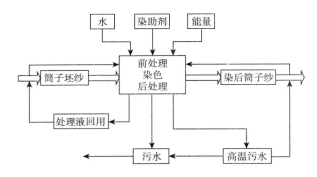

图 3-2 筒子纱染色的能流和物流过程

一个典型的全棉纱线染色工艺(适用于深红、紫色等深色染色)如表 3-2 所示。

一个完整的筒子纱染色工艺过程包括络筒、装纱、入水、加料、主泵运行、温度控制、取样、水洗、排水、卸纱等工艺步骤。每个工艺步骤都有各自的控制参数和独立的控制程序。纱线的材料和上染的颜色决定所添加染色助剂的种类和添加量、染色的工艺温度、水洗次数等。为了保证匀染效果,需要在染色过程中严格控制染色浴比和染液循环比流量。

表 3-2 全棉纱线染色工艺

工序	工艺描述	工艺时间(min)	备注
1	主缸水位进水	5	通过进水阀,向主缸入水至指定水位
2	向水中加入助剂 A	5	此时加入的前处理助剂包括精练酶、去污剂、软水剂、分散剂等
3	向水中加入助剂 B	5	加入双氧水对纱线进行漂白
4	升温至 110℃(升温速率为 3.5℃/min)	25	检查梯度升温是否正常
5	110℃运行	20	—
6	脉流洗水	5	—
7	主缸排水和水位入水	5	—

续表

工序	工艺描述	工艺时间（min）	备注
8	向染液中加入助剂 C	5	加入冰醋酸，中和染液中过量的碱
9	升温至 75℃（升温速率为 3.5℃/min）	15	—
10	75℃ 运行	5	—
11	脉流洗水	10	—
12	主缸排水和水位入水	5	—
13	向染液中加入助剂 D	5	加入除氧酶，去除染液中的氧离子
14	升温至 40℃（升温速率为 1~2℃/min）	20	升温速率不能过快
15	向染液中加入染料	10	染料定量均匀加入
16	向染液中加入助剂 E	30	分两次加盐，一次 5min，一次 15min
17	升温至 60℃（升温速率为 1~2℃/min）	20	—
18	向染液中加入助剂 F	35	分两次加碳酸钠，一次 5min，一次 10min
19	脉流洗水	5	—
20	主缸排水和水位入水	5	—
21	升温至 60℃（升温速率为 4℃/min）	10	—
22	向染液中加入助剂 C	5	加入冰醋酸，中和染液中过量的碱
23	60℃ 运行	5	—
24	脉流洗水	5	—
25	主缸排水和水位入水	5	—
26	向染液中加入助剂 G	5	加入皂洗剂
27	升温至 90℃（升温速率 4℃/min）	15	—
28	90℃ 运行	10	—
29	脉流洗水	5	—
30	主缸排水和水位入水	5	—
31	向染液中加入助剂 H	5	加入固色剂
32	升温至 60℃（升温速率 4℃/min）	10	—
33	60℃ 运行	5	—
34	脉流洗水	5	—
35	主缸排水和水位入水	5	—

续表

工序	工艺描述	工艺时间(min)	备注
36	向染液中加入助剂 I	5	加入柔软剂
37	升温至 55℃(升温速率为 4℃/min)	8	——
38	55℃运行	10	——
39	脉流洗水	5	——
40	主缸排水和水位入水	5	——
41	向染液中加入助剂 C	5	加冰醋酸,调整纱线 pH 值
42	排水并结束程序	2	——
43	卸纱(留样)	5	——

第四节　筒子纱染色设备

一、筒子纱染色机的发展现状及趋势

1. 国内外筒子纱染色机发展现状

染色行业是高耗能、高耗水、高排放的行业,面对当前不断加重的能源紧张、原料短缺、废水污染等严重问题,采用节能降耗的新设备、新工艺一直是整个染整行业努力的方向。自瑞士山德化学染料公司的 Dr. Carbonell 首创低浴比染色技术以后,第一台低浴比筒子纱染色机于 20 世纪 70 年代在意大利的国际纺织机械会上展出,并在其后 3~4 年作为一种新设备、新工艺在联邦德国纺织工业中正式投产使用。从此,低浴比染色新设备、新技术在节能降耗方面的优势在实际生产实践中不断凸显,降低染色浴比的步伐也一直没有停止。通常染色的浴比一般都在 1∶10~1∶12 甚至更高,德国梯斯公司(THIES)、布吕克纳公司(BRUCKNER)、意大利吉玛高公司(CIMAO)、瑞士贝宁格公司(BENNINGER)生产的高温高压筒子纱染色机的浴比可达到 1∶4~1∶5,国内生产的筒子纱染色机的浴比可达到 1∶6~1∶7。1995 年,中国香港立信公司将专利设计的集流环高效离心泵技术应用在筒子纱染色机上,推出立信第三代高温筒子纱染色机,其染色浴比可达到1:6。

低浴比染色技术的实现,不仅需要染整设备机械结构上的改进,而且染色工艺及对工艺过程的控制也极其重要。为了保证低浴比染色,国外的筒子纱染色机广泛应用计算机技术,对温度、压力、流量、染液 pH 值、染助剂的供给等染色因素进行监控。主泵转速的调节使用变频调速的方法:根据低浴比筒子纱染色的特点,提高主泵转速,增加纱线中染液的比流量,保证匀染。对染色压力采用内外压差自动调节控制,消除或减少染色的内外层差。

为了缩小与国际先进染色技术的差距,提高设备的染色效率与质量,国内染整设备制造厂也积极进行设备改良和产品研发。最具代表性的当数上海印染机械厂与香港宏信、立信公司合作研发的筒子纱染色机,将变频器、PLC 等技术运用到控制系统中。该机采用自动控制的方法实现对温度的跟踪,还可以进行工艺操作控制和自动报警等。但总体来说,与国外染色机相比,国内染色机的机电一体化水平还较为落后。国内的染整厂大都还在使用传统的筒子纱染色机,染色浴比大、染色效率低、染色质量控制效果差的问题已经成为制约这些企业发展的主要因素。个别染整厂甚至还在使用已经被淘汰的筒子纱染色机,设备亟待改造和更新。

2. 筒子纱染色机发展趋势

纵观国内外染色机的发展状况,总的发展趋势从未改变,即降低染色浴比,提高设备自动化水平,实现"节能,环保,高效"的染色。低浴比染色技术的实现,需要高精度的检测和控制技术作保障;同时,设备自动化控制水平的提高,加之染色工艺的改进,又进一步促使染色浴比的降低。筒子纱染色机是纱线染色的主流设备,"提高设备机电一体化水平,实现低浴比染色"也必然是其发展的方向。

影响筒子纱染色效率和染色质量的因素很多,包括主泵流量、内外流时间、主泵压差、温度等。染色过程中,这些量的控制各有其特定的规律,根据控制对象的特性,采用适当的控制算法实现精确的自动控制是染色技术进步的基础和努力的方向。染色机自动控制系统不断取代传统的人工调节方法,推动着染色机自动化水平的提高。低浴比筒子纱染色要做到的就是：针对低浴比筒子纱染色技术的特点，将对染色过程中的温度、染液流量、压差、染色助剂等因素的控制与染色工艺的改进相结合，实现高效、高质量的纱线染色。

二、低浴比筒子纱染色机的结构及工作原理

低浴比筒子纱染色是在高温高压筒子纱染色机上进行的染色过程。具有低浴比特点的筒子纱染色机既有与传统染色机相似的基本机械结构，又有其结构上的独特之处。

1. 设备结构分析

根据形状，纱线可分为筒子纱、经轴纱、绞纱（包括绒线、绞丝）等，筒子纱染色机是纱线染色机中的一种。低浴比筒子纱染色机的实物如图3-3所示，其基本结构包括主缸、预备缸、副缸、主泵装置、热交换装置、纱架、控制柜等。

图3-3　低浴比筒子纱染色机基本结构

1—主泵装置　2—换向/换热一体化装置　3—主缸

4—副缸　5—搅拌泵　6—预备缸　7—纱架

（1）主缸。主缸是用耐酸碱腐蚀的不锈钢制成的封闭缸体,由缸盖和缸身两部分组成。缸盖上有起重装置和缸盖锁紧装置。主缸缸盖支臂末端配有一个平衡重锤,并设置有一个辅助气缸,同时主缸顶部设置有一个压紧气缸。缸盖开启时,辅助气缸带动平衡重锤向下运动;缸盖关闭时,气缸活塞杆缓慢伸出,向上推动支臂,带动平衡重锤向上移动。缸盖关闭后,主缸顶部的压紧气缸的活塞杆向下伸出,压紧缸内的纱架顶端,压紧到位时,靠近开关感应显示。在压力的作用下,纱架被牢牢固定,避免了纱架未锁紧造成染液短路而产生色花的问题。

（2）加料预备系统。低浴比筒子纱染色机加料预备系统包括两个副缸和一个预备缸,采用双副缸加料、预备缸快速输液的方式。

溶解配制好的染料或染色助剂注入副缸内,和同时加入的染色用水经电动搅拌器搅拌后,根据染色工艺的要求定时定量地由加料泵注入染缸。染色中多余的染液要通过回流管流至副缸。使用双副缸加料的好处在于:一个副缸执行加料或回流动作时,另一个副缸可提前将染料或染色助剂加水溶解,这样两个副缸交替使用,可以减少加料耗时。

染料、染色助剂注入的时间和速度对染色质量的影响很大。一般的手动加入染色助剂和传统的单一线性加料系统已经不能完全满足染色工艺的要求,而必须根据不同的染料、同一染料的不同深度染色,在给定的工艺温度条件下,精确地按照一定的规律进行加料。染色过程中,预备缸通过入水阀入水,这样大大缩短了等待时间,减小了水压和蒸汽压力的波动影响。

（3）主泵装置。低浴比筒子纱染色机染液循环系统由主泵、控制阀和管道回路组成。在染色过程中,染液循环系统提供染液与被染纱线进行交换的场所。要实现匀染,提高染色质量,就必须保证被染的所有纱线与染液的交换次数都相同。染色过程中,染液在循环时产生扬程和局部阻力的损失是不可避免的,而克服这些损失必然要以消耗一定主泵压力的能量为代价。同时,染液循环过程中还要克服穿透筒子纱层的阻力,这个阻力损失由纱线密度控制:纱线缠绕密度越大,这部分压力降损失就越大。这些压力都是由染液循环的动力源——主泵的扬程来提供的。如果主泵装置运行过程中能够实现较大的比流量,对匀染性是有利的。

对低浴比筒子纱染色主泵的要求是:大流量、高扬程、高比转数。根据这样的要求,结合离心泵和轴流泵的优点,采用离心泵加轴流泵(三级叶轮泵)作为低浴比筒子纱染色的主循环泵。传统染色机主泵带动染液循环频率基本上保持在14~16次/min,经过试验改进采用的混流泵目前已经达到36~42次/min,提高了1~2倍,从而使得染液循环速度提高,染料的上染率也相应提高。

在三级叶轮泵的基础上采用脉动流量控制技术是低浴比筒子纱染色机的又一特点。采用该技术,三级叶轮泵通过大于30m的高压扬程将染液喷射到纱锭,染液喷射采用高速脉流的方式,当染液穿透纱锭后又循环流回纱缸内,有一部分染料在这个过程中上染到纱线上。接着,主泵又将开始新一轮的染液循环,直到染色结束。采用这种流量控制方式,叶轮泵使染液流量在染色循环中产生脉动效应,提高了染料与纱锭之间的交换频率,单次循环染液与纱锭的接触时间缩短,从而保证在低浴比条件下的匀染,提高在低浴比(1:3)工艺执行阶段的高频率交换而实现快速上染,在工艺合理的pH值以及合理的小分子结构助剂的配合下提高得色率,实现染色工艺流程效率高,染料吸附量增大。

(4)换向—换热装置。染色过程中,染色的升温、降温及染液的内外流方向的改变均由换向—换热一体化装置完成。其中换热器用于染色工艺过程中对染液进行加热和冷却,蒸汽和冷却水的流量大小由气动调节阀控制,按照对应交换面积与染液总量进行计算,一般就是要做到交换次数等面积与冷却面积流量要大于液体总量的每分钟升降温速率在4.5~5.5℃才是最佳设计[蒸汽压力$6×10^5$~$7×10^5$Pa(6~7bar),水压$2.5×10^5$~$3×10^5$Pa(2.5~3bar)],这样才能使染色温度严格按照工艺要求变化执行。

低浴比筒子纱染色机的换向—换热装置由换向器和换热器组成。换向器采用椭圆板式,换热器为夹套式,置于换向器和主泵之间,两侧使用法兰与主泵及换向器相连。换热器的外夹层与主泵出口和换热器外层连接,内夹层接入主泵入水口和换向器内层,中间无须驳接管道,这样使得装置结构紧凑,染液循环路径缩短,既保证染液比流量大,又减少染液消耗,降低浴比。染液无论由主泵入口吸入还是从泵口压出都能通过换热器进行热交换,提高了换热效率。换向器和热交换器采用一体化的连接方式,水泵水平定位和电动机水平定位通过移动式结构配合,使得装置可在允许范围内伸长或缩短,从而大大减小了热胀冷缩引起的应力。

(5)纱架。纱架由纱盘、吊杆、纱竹三部分组成,主要用于将纱锭放置并固定,并置于主缸内进行染色。纱竹的孔径及其纱竹在纱盘上的分布,对染液流速和压差有很大影响。合理布局的纱竹能减少机械密封件泄露,减少染液压差损失,提高染液在纱线上的上染率。纱盘的直径是根据主缸的内径确定的,纱竹的孔径是按流速阻力分布计算得来。

纱竹内置水臌设计的特点,纱竹上开孔是不均匀的。水臌是为低浴比染色而特殊设计的,作用是减少主泵到出水口的管道空间,从而减少管道中滞留的染液量。水臌上头外面的循环流量开孔也是不均匀的,按照纱竹不同高度位置染液的内外压力差来确定排水孔的密度。在主泵扬程一定的情况下,被泵出的染液随着高度的增加,穿透纱线的压力就会变小,而要保证匀染,就必须要求不同高度的穿透循环时的内外压差一致。因此,纱竹距离纱盘越高的地方,开孔密度越大,在流量扬程加大的过程中可以提高交换量,足以保证匀染。

被染的纱线绕在纱筒上,纱筒上孔径的大小直接决定压力的大小与分散面积。纱筒采用耐高温塑料制成,表面光滑、坚固耐用、旋转稳定,这对提高纱线的染色质量有重要作用。纱锭安插在纱竹上,要保证纱筒底面与纱盘底面配合适当。如果纱筒底面与纱盘锥度间隙不一致,会造成纱筒与纱竹高速运转时,由于离心力和强液流共同作用,使纱筒与纱盘之间产生冲击力。间隙越大冲击力越大,当冲击力大于握持力时,就会引起跳管。如果纱筒底面与纱盘锥度间隙太小,又会造成拔管难,落纱难。所以设计时要保证纱杆底座与被染色纱管的接触高度在纱管盲区的合理高度(至少要有10~15mm)才能减少循环过程中的多方面影响,包括流过筒子纱底部纤维因为密度过低或松纱导程不规范而出现的乱纱起毛。

（6）控制柜。控制柜是筒子纱染色机的"心脏"，是整个纱线染色过程的指挥中心。控制柜的面板上装配有电源开关、急停按钮、各种功能手动按钮、触摸屏等，控制柜内包括工业电脑、PLC控制模块、变频器、继电器、电磁阀、变压器、稳压电源、接线端子等。筒子纱染色机的控制采用分散性系统结构，即整个控制系统分为三层：第一层是由工业电脑和触摸屏组成的监控管理层，第二层是由PLC、下位机控制软件及其外围部件组成的现场控制层，第三层是各种电磁阀、传感器、变送器等构成的执行层。

2. 工作原理概述

低浴比筒子纱染色机的工作结构示意如图3-4所示。

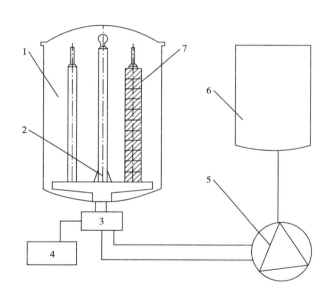

图3-4　筒子纱染色机的工作结构示意图

1—主缸　2—纱架　3—循环泵　4—换向—换热一体化装置

5—加料泵　6—副缸　7—纱筒

筒子纱染色之前，纱线卷绕在由耐高温塑料制成的纱锭上面。纱锭有柱状、锥状等不同的形状。纱锭安放在纱架上，由起重装置将纱架放置于纱缸内，在平衡重锤和辅助气缸的作用下合好缸盖，随后缸盖顶部的顶紧气缸、顶住纱架。染色时,先用水浸透纱线,排除纱线空隙里的空气。然后,加液泵将染液从副缸送入主缸,染液自筒子纱架内部喷出,穿透纱层流回主缸。经过一段时间以后,换向装置会改变循环泵运转方向,使得染液作反向流动。染色结束之后,残余的染液会经污水处理系统之后排出,同时主缸入水清洗纱线直至满足要求的 pH 值。

　　筒子纱染色机的优点是:染色加工的容量大,在最小的占地范围内实现最大的经济效益。一般,筒子纱染色与其他的染色方法相比具有浴比小的特点。低浴比筒子纱染色时,由于染液量小,纱线不会被染液浸没,容易产生染花、色差等染色不匀的缺陷。这就要求在低浴比染色过程中对染液 pH 值、染色温度、染液循环流量等重要的影响因素按照染色工艺的要求进行严格控制。在实践过程中要改变化学原理与浴比的合理配套,在实践中化学品的用量也要做适当的调整和改变,浴比是改变所有结果以及化学离子结构变化的因素之一。

第四章 低浴比染色

染色属于高耗水的工业过程,在当今水资源短缺、能源紧张、环境污染日趋严重的形势下,"绿色染整"成为染色设备和工艺发展的方向。要实现绿色染整,需要不断推出新技术、新工艺,减小染色浴比,同时重视水、蒸汽等的循环再利用,加强能耗管理。低浴比筒子纱染色技术可以减少染助剂的使用量,提高染料的利用率,同时降低排放液中染助剂的残留量。低浴比染色工艺的实现,不仅要有机械设备作基础,还要有相应的控制策略作保证。

第一节 低浴比染色技术

浴比是竭染或浸染染色时被染物的质量与所配染液体积之比,单位一般为kg/L。例如500L染液用于染100kg的纱线,则染色浴比就是1∶5。在染色过程中,根据染色浴比的不同可分为大浴比、低浴比和超低浴比。目前染色情况下,1∶20、1∶30为大浴比;1∶5为低浴比;1∶3及以下为超低浴比。染色过程中,染色浴比的控制是至关重要的。一方面染色浴比直接决定了染色生产中染色助剂及其水电气的消耗量,另一方面,染色浴比的变化对匀染效果及染色重现性产生很大影响。

传统筒子纱染色浴比大,染色过程中纱锭浸没在染液中。通过低浴比高温高压筒子纱染色机采用离心泵加轴流泵(混流泵)的脉动流量染色技术,低浴比筒子纱染色机染色浴比可达到1∶5左右,染色过程染液不浸没纱锭。该技术的关键是:通过低浴比混流泵喷射到纱架,纱锭放进纱架固紧,染液经过纱架喷射到纱锭,之后流出纱层循环回纱缸体内,将染液经过三级混流泵提升到高压扬程。染液以高速脉流喷射到纱锭,完成染料对纱锭的上染过程。混流泵使染液在纱锭染色循环产生脉动流体动力效应,提高了染液与纱锭之间的染色交换频率,使染液与纱锭接触并获得动力循环。

低浴比染色过程,染液具有更强的循环能力,更容易达到匀染效果。根据染液循环理论,染色最短时间、染液循环频率、染料每循环上染率之间关系如下:

$$t_{min} = \frac{100}{CD} \qquad (4-1)$$

式中:t_{min}——染色最短时间,min;

C——染液循环频率,次/min;

D——在匀染条件下,染料每一循环的最大上染率,%/次。

同时,循环频率、染色浴比、染液循环比流量、主泵流量、纱线质量、染液体积之间存在如下关系:

$$B = \frac{V}{W} \qquad (4-2)$$

$$C = \frac{Q}{V} \qquad (4-3)$$

将式(4-3)代入式(4-4),得:

$$C = \frac{Q}{V} = \frac{Q}{BW} = \frac{q}{B} \qquad (4-4)$$

式中:B——染色浴比,L/kg;

V——染色体积,L;

W——被染纱线质量,kg;

Q——主泵流量,L/min;

q——染液循环比流量,L/(min·kg)。

将式(4-5)代入式(4-2),得:

$$t_{min} = \frac{100}{CD} = \frac{100B}{qD} \qquad (4-5)$$

从而，染料完全上染所需总循环次数 Z 为：

$$Z = \frac{100}{D} \qquad (4-6)$$

现作以下假定：主泵流量为 2.05m³/min，染色最短时间 t_{min} 为 120min，比流量 q 为 80L/(min·kg)，浴比 B 为 5L/kg，染液循环频率 C 为 16 次/min。根据式(4-6)得：

$$D = \frac{100B}{q\,t_{min}} = \frac{5 \times 100}{80 \times 120} = 0.0521\%（次） \qquad (4-7)$$

因而，由式(4-7)可计算染料完全上染所需总循环次数：

$$Z = \frac{100}{D} = \frac{100}{0.0521} = 1920（次） \qquad (4-8)$$

由以上的分析和计算可以看出：染色浴比越小，染液循环比流量越大，染料在每循环的上染百分率就越小，越有利于纱线的匀染。

综上所述，可以看出，与传统筒子纱线染色相比，低浴比染色的主要优点有如下几点。

（1）节约染助剂消耗。在染色过程中相同用量的染料在不同浴比中的浓度是不同的，其达到染色平衡时的上染率也是不同的。在一定用量染料的情况下实行低浴比染色时，其染液中染料的浓度相对较大，织物纤维上的染料浓度随染液中染料浓度的增加而上升，而染液中余留的染料浓度下降，减少了废弃染液中染料的排放量。反之，浴比大，染液中的染料浓度相对较低，织物纤维上的染料浓度也较低，从而增加了废染液中染料的排放量。因此，浴比的大小会直接影响染料的吸尽率和固色率，特别是对常用的活性染料而言。浴比的大小会直接影响助剂、电解质的用量。实行低浴比染色时，不仅织物得色深，同时也减少染料助剂的用量，减少污水的排放量。

（2）匀染性更好。染色时织物匀染性的好坏主要取决于染液的循环频率。染色浴比小，染液的量就少，相同时间内染液的循环次数就会增加。染液的循环频率大，染料的扩散及上染机会就大，单次循环染料的上染量就相对少，能改善局部染色不匀的情况。低浴比染色时，增加染液单位时间内的循环次数，匀染效果相对更好。

（3）染色重现性更好。不同种类的染料其吸附的等温线规律是不同的，在同一工艺处方中即使使用同一类染料，其吸附等温线也是不完全重合的。在实际染色过程中，所用的染料通常有2～3种，很少有4种拼色。当两次染色之间的浴比不同时，其色泽深浅也会随之发生变化，同类染料中不同染料对浴比的依存性是不同的，导致这几种染料彼此变化的程度不同，于是就会产生色相变化，致使两次染色的色相不重现，产生缸差。实行低浴比染色时，浴比的变化相对较小，虽说染料对浴比的依存性不同，但由于浴比小，织物上染率变化不大，色差一般在可接受的范围之内，即低浴比染色的重现性相对较好。

（4）缩短染色周期。低浴比染色时，染液中染料浓度高，染料上染速率相对较快；染液量少，染液升温速度快；使用染料、助剂量少，洗水时间短，节约了染色时间，缩短了染色周期。

（5）节水节能。染色时，水、电、蒸汽的消耗都与浴比有关，浴比小则能耗低。低浴比染色附加的多省洗水系统及多功能智能水洗系统，有很显著的节水效果。低浴比染色技术在织物染色中有显著的技术优势，热传递速率高，主缸水位充满与排放时间短，节水、节能，大大缩短染色周期，增加生产量。

由此，低浴比染色不仅匀染性好，节省了染料和助剂的用量，保证了染色工艺的重现性，而且更加体现出高效、节能和环保的特点。

第二节　筒子纱低浴比染色过程

低浴比筒子纱染色机染色的全过程可分为前处理、染色、后处理三个阶段。

一、前处理

前处理是被染物的染整加工的第一道工序。前处理的主要目的是：去除纤维上所含有的杂质、在纺织加工中施加的浆料以及在加工中沾上的油污等，提高纱线纤维的品质,并使得纱线具有柔顺、洁白及良好的渗透性能,为染色及其后处理工序提供满足质量要求的半成品。1∶3低浴比在前处理助剂应用选择中与大浴比有明显的几个条件不一样(低泡、分散、离子结构),在前处理过程中强碱的深度处理是满足并解决不同染色质量的要求,所以要明确大浴比与低浴比的工艺条件才能做出质量合格的产品。

二、染色

染色是指使纺织品获得一定色牢度的加工处理过程。染色的过程是染料和纤维发生物理或者化学的结合,或者用化学方法在纤维上生成颜料(合适的标准要求颜色),从而使纺织品得色并提高着色程度。染料上染的过程分为吸附、扩散和固着三个阶段。

(1)染料的吸附。在这个阶段,染料离开染液向纤维表面转移,在氢键力、范德瓦尔斯力、库仑力等的作用下,纤维与染料微粒之间产生吸附作用。这种吸附作用是一个可逆的过程,一方面,一部分染料微粒吸附到纤维上;另一方面,一部分已经吸附在纤维上的染料微粒会扩散到染液中,然后又重新吸附到织物纤维上。上染的过程中,随着染液中染料微粒浓度的变化,吸附和扩散的速率此消彼长,直到最后达到平衡状态。

染料的上染性能一般用直接性或亲和力表示。染料直接性越高,越容易吸附在织物纤维上,吸附速率越快,直接性用上染百分率来表征。上染百分率指上染到纱线纤维上的染料量与原染液中总共添加染料量的百分比值。亲和力是一个热力学的概念,用来衡量染料从染液向纤维转移的趋势大小,它是压力和温度的函数。

染料微粒在纤维上的吸附受到多种因素的影响,如染色助剂、染液温度、染液 pH 值等。一般,染色温度越高,织物纤维的分子链段热运动越剧烈,纤维微隙越大,越有利于染料的吸附扩散。但是,温度过高,织物纤维的空隙过大,反而使得一部分已经吸附于纤维的染料又回到染液中,不利于染色。染液中加入酸,会加快酸性染料在羊毛纤维上的吸附速率,但是会减缓阳离子染料在腈纶上的吸附。染料中加盐会影响带电荷的染料同纤维间的库仑力,具有促染或缓染的功效。这也是低浴比工艺要注意的条件,与大浴比相比变化明显。

（2）染料的扩散。染料附着在纤维表面,纤维表面的染料浓度大于内部浓度,染料会由外部向内部扩散。染料向纤维内部的扩散速率可用菲克（Fick）公式表示:

$$F_X = -D \frac{\mathrm{d}c}{\mathrm{d}x} \tag{4-9}$$

式中:F_X——扩散速率,即单位时间内通过单位面积的染料量;

$\dfrac{\mathrm{d}c}{\mathrm{d}x}$——沿扩散方向单位距离内浓度的变化,即浓度梯度;

D——扩散系数,负号表示染料由浓度高向浓度低的方向扩散。

染料在纤维上的扩散速率与吸附速率相比要慢得多,染料的扩散是影响染色质量的重要阶段。染料的扩散速率快,上染时间就会减少,有利于减少染色过程中因染色条件控制不当而造成的影响。

（3）染料在纤维上的固着。在这一阶段,染料与纤维通过范德瓦尔斯力、离子键、共价键、氢键和共价键结合。染料和纤维的结合牢固程度影响上色的牢度。

三、后处理

后处理包括洗水、酸洗、皂洗、固色、（酸中和）、过软等,目的是去除织物中残留的酸或碱,去除织物上的浮色,使织物颜色上染牢固,保证织物的强度、pH值、柔软、有弹性等。

纺织品在染色过程中需要加入各种染料、染色助剂,这些化学助剂中的一部分有害物质会残留在纺织品上,当达到一定量时就会对人体的健康造成危害。因此,做好后处理工艺,对保证织物质量和提高织物性能都有着重要意义。

第五章　筒子纱低浴比染色技术

第一节　低浴比染色的技术要求

一、低浴比染色的技术关键

传统染色水位只能降低到覆盖纱线 20%～40% 的高度,实现所谓的"半缸染色技术",其对质量问题的影响有以下几点:

(1)在生产过程中由于液量与染液吸附的程度不一致,主泵在大循环液空间的循环次数以及实现表面的接触时间不一致,造成里外层的色差较大而且容易染花。

(2)促染压力与电离子以及活性基团交换上色的机会不均衡,出现上下差异是导致色差的最大关键。盐碱吸附不一致会造成颜色的差异较大。

(3)上、下层纱线容易出现得色量不一致,也出现颜色不稳定。

(4)订单减量变化不适宜自动减小浴比,这样容易导致流量不足而色花。

(一)机械流量

在传统染色设备设计的过程中,也是所有设备设计中共有的一个技术要求就是机械流量,但是在机械流量上一般是根据主泵标准件流量的高低来进行固定设计,但是每个制造商有自己的机械流量力学标准,所以各有不同的设计体系,采用离心泵、轴流泵、混流泵的特点进行配置;按照对应的水泵结构选择规定的循环管道的长度、直径以及各自的间隙公差控制。因此出现的制造差异与设计的差异就是制造误差,在每个流体运动的空间以及所有泄漏的距离间隙是影响流量的因素之一。筒子纱的有效循环做功流量的利用率,即应用要求的设计要考虑低流工艺运行的主要因素,不是所有设计循环流量最大的程度才能满足实现低浴比,因为工艺要求的最低浴比技术能满足质量才是低浴比特征,也不是所有染色纤维的工艺条件要将主泵功率调至百分百全开才能应用,也不是所有设计流量全部利用才能满足低浴比工艺设计主泵要求才可以,所以有允许泄漏与不需要全部应用才是低浴比设计优势所体现的特点,也是低浴设备主泵所具备的基础。

(二)工作压力、机械压力与循环压差

所有染色设备的压力与染液运动条件下上染的比例有很大关系,如超临界染色技术与超声波染色实验的其中一个因素就是压力促染,在整个过程中流体在压力条件下直接变成分散性质的气压状态,所以上染得色率提高较快,在竭染率的提升阶段直接改变溶解结构;压力高于染料与纤维结合吸附的速度时穿透纤维单一表面以及密度直径范围就是设计所需要的基本条件,因为低浴比的液体流动量小于大浴比的液体流动量,改变浸染为压力分散穿透做功,强制提升接触交换时间就是要改变交换的平衡一致性,这就是压力上染的关键条件;而低浴比就是能做到机械原理与主泵启动压力的基础,在高压密封筒体内的压力循环就是直接加速流体介质的快速循环,帮助密封条件下压力远远高于水压介质条件下的循环压力与穿透效果,这就是压力的整体变化优势所在。浴比(介质)越小,压力的作用就更加有效果,所以压力大到一定程度时对于染料溶解过程中的上染能有所促进;越是在表面张力高的环境下流体利用效率越高,对张力物质产生的空气就更能快速分解减小流体运动的阻碍力,达到更好的利用效果,也是局部与整体运动的相对平衡量,染色工作的高压就是染缸内的工作气体压力大,压力大改变液体气浊在主泵做功阶段的有效利用,而压力大就是加速液体的机械做功效率,压力大就是比液体流速更高的分散雾化体系,也是从液体到气体增压的一种动力升级变化过程,所有气体更多的是视压力值的大小来判断承受面积的结构是否合格。因为材料质量与焊接压力好坏决定承受压力的设备是否具备高压承载,

而染色压力大能直接提高上染率。这就是低浴比设备工艺流程中纤维成型密度要加大的原因。所以压力上染的程度比全浴上染要高，要更加快捷合理。

(三)染色分散值与pH值在低浴比生产技术中的要求

通常在所有反应性染料以及多活性基团的染料体系下，对染料本身的基础上染条件独有的因素就是pH值的范围，而超低浴比工艺技术在染色中为了彻底解决这些问题，在筒子纱(经轴)前处理工艺过程中，尤其是超低浴比条件下，提高了密度处理要求，还要注意化学处理剂的选择，以碱性偏低的，如烧碱、结碱应用较多。强碱在处理纤维的天然杂质以及油脂杂质方面既彻底又有效率，但是对纤维的处理程度已经超过染色吸附的标准值，也由于强碱的直接渗透过于强烈直接，导致后续的中和阶段在低浴比液量介质的环境中不能完整地稀释，尤其是纤维组织腔的内部结构很难清洗透彻。实践中，以水中的化学成分值来衡量工艺条件是不准确的，可能进一步导致染色的色花与内部(内层)得色很深，错误的影射到设备的原理结果上，认为设备在单向循环条件下，低浴比工艺技术不成熟，并进一步将所有低浴比的工艺技术作为一个不合格的开发技术，认为低浴比技术现在不能适应。其实在所有的筒子纱染色工艺以及现场应用中，几乎大浴比染色浸染技术都会经常出现染色色花、边角染不透、内外层质量不一致问题，只是在实际中会将这个质量问题当作一个容易处理的技术问题，可进行再次修缮。其实目前以活性翠蓝以及艳蓝色系的染色工艺为主的染色技术都容易出现过程中的质量问题，在生产实践中大多数技术研发人员还没有高度重视这个问题。任何浴比下的碱性环境中，经助剂高温处理后纤维的pH值都会呈碱性，再利用醋酸(酸性处理剂)进行中和后介质表现为快速呈现低于前一阶段的pH值，即呈酸性。但是实际上，所有高密度的筒子纱更容易出现内层残留清洗不干净的现象，也就是一般筒子纱密度大就会出现内层深甚至染不透的现象，以染蓝、红色为例，大部分筒子纱的表现是内层深蓝较重。从染料的得色吸附结果分析看出，碱性条件下蓝色能够快速上染，导致内层得色深，只有少部分染料会出现深红的色花问题，这是化学残留与纤维内部结构层的合理反应结果,与设备以及浴比没有直接的关联。

在染色实践中,前处理与染色的工艺过程中,pH 值偏弱酸性是匀染质量的主要条件。pH 值为 4~6.5 是最佳分散上染的点,在染液偏酸性时,上染初期由于钠离子(无水硫酸钠,也称元明粉)的促染阶段是缓慢提升的。在整个酸性阶段染料上染慢,也就是分解媳妇明显低于碱性的条件,而低浴比主泵循环交换次数快的优点在机械功能上体现出特点,所以得色阶段与机械循环交换的快速循环有效形成补偿,循环交换次数多能改变得色率。在阶段交替过程中,同时在压力增大快速上染的环境下内层得色相对停留时间短,从而实现上染均匀,就是化学变化与机械变化、"促染+压力强制上染"的平衡值,在酸性阶段具备缓染条件而着色均匀。酸性物质对于分散性能的改变是很明显的,尤其是在循环动态条件下上染率配合优良分散助剂就能成为改变匀染效果的有利因素。

二、低浴比染色的机械要求

从染色的可行性理论与实践结合分析出发,有效进行 1∶3 低浴比染色工艺的实施,在机械要求上有几大关键因素:主泵、变频、染色压力差、流量的要求。新型染色技术的发展表明,染色机的性能不仅要满足染色工艺的要求,同时还要求染色过程短,消耗的能源最低,对环境污染最小。

目前主泵类型呈现"离心泵、混流泵、轴流泵"的三大主流走势,而采用混流泵配合变频技术完全适应各种纤维纱线所需的流量。在技术不断提升改进的时代,有一种介于离心泵与混流泵之间的升级版的主泵已经在市场投入生产。前面两种泵在适应低浴比的染色时虽然基本能够满足,但是还不够理想。新型节能变频技术在使用中越来越多地达到节能的巅峰状态,变频器对于设备的稳定有着不可忽视的作用,成熟的变频技术很关键。

筒子染色机有卧式和立式之分,由于操作的稳定与适应性,目前主要以立式为主。筒子染色机发展迄今,不同形式的染缸各自结构都发生了很大变化,大到主缸、主循环系统、管道结构、染纱笼;小到顶锁均有不同程度的变化。还有的厂家对电气控制系统进行了更多的技术改进。包括先进的人机对话控制体系、中央控制体系。以德国 SETEX 系列极为抢眼,现在大型的染纱厂基本已配置该系列。由于系统的稳定性与技术服务的及时性等优势,这些都为筒子纱染色机的使用性能和功能上的拓展起到了很大作用,以染缸为例,由四大部分组合而成,主缸、加料缸、主泵及控制部分。可以说当前筒子纱经轴染色机械的结构形式,就是各组成部分整体优化与发展的结果,也是整个染整各工序共同开发的结果。

高扬程高流量类型的主泵就是满足生产控制要求的最佳选择。以前的技术停留在流量与扬程的局限之中,对于染色主泵的高流量的理解只是建立在满足纱线的染液循环,其实流量适当提高能有益于筒子纱染色匀染质量的提升。建立在染色纤维的循环量与上染吸附的观点上,而从实际试验以及大量数据得出并不是过大的流量导致了纱线的毛羽以及强力不匀,而是技术的结合点不够全面,技术工艺设计只是在大浴比的循环流量与液体流体学里面进行小范围的思考。浸染的时间其实更加剧了纤维的强力损伤,从另一个侧面说明强力的下降就是生产工艺造成的,对工艺的制订,流量没有突破的空间,由于设备的技术没有提升,生产过程的技术只能在染色工艺上进行研发,无法从整体流程改进是导致过程失误的关键所在。所以如果现在设备的改造升级技术得到延伸或者是提高生产技术,就能够将染色工艺有效而直接利用起来,得到的结果就是整个流程体现出节能优势。现在很多染整厂长期围绕染化工助剂工艺进行改善优化,其实这是有限的变化,而且不能满足生产成本的大幅度降低,而低液量就会带来所有生产成本的降低。低液量的循环只是加快循环上染速度,而低浴比的大流量在形成穿透介质的时候变成大压力的循环,促使纤维上染时对反应过程工艺的变化有很高的要求,满足超低浴比临界液体条件下有足够的流量才是最终目标。

三、低浴比染色机循环系统

染液循环系统是为染色过程提供染液与被染物进行交换所设置的结构,它必须保证同一缸内的所有被染物的各点得到相同的交换和频率,其目的主要是保证染液浓度和温度的均匀性。系统结构的差异，必然产生不同结果，因此，科学家进行了大量的实验研究，不断改进，形成了各自的结构特点。如果仅从降低浴比的角度来讲，染液循环系统所占用的空间越小越好，因为它可以减少存水量，但就实际情况来看，过分地减少循环系统的存水量，就会使自由循环染液（除去被纱线所吸附以外的循环染液）减少，带来一些不利影响。因为染液在循环过程中起到至关重要的作用，即整个染液的浓度差和温度差缩小，而它又是由自由循环染液在强制交换过程中完成的，且完成的时间和影响的范围越小越好。从这个染色变化新的观点出发，应该将染液的浓度差和温度差控制放在主循环管路中，给予一定的空间和时间（就是量化关系的影响），这个过程的系统讲究与实现染色的时间很有限制性，让其在强制循环对流交换中充分进行，使得进入主缸体内的染液浓度和温度均匀一致，保证所有纱线的各点均处于相同的上染条件。这一点对超低浴比染色设备与生产工艺来说是非常重要的，也是最难的要求。在达到一定纱层高度时，交换流速越快就越有利于穿透与匀速水流，温度的稳定也很关键。

GF241XL超低浴比染色机成功解决了这个染色问题并推向市场。实际运行中的液量与流体学的高要求在这里才能够真正体现价值，循环与满足循环量的关系来源于流量的高低，但是传统的大流量循环容易导致纱线毛羽过多、强力受损的概率加大，而超低浴比脉流控制技术就不会出现该质量影响。由于低液量的循环液体没有超过纱线所吸附量的饱和值，渗透与快速循环阶段减少了纱线处于液态饱和状态的时间，超低浴比染色过程的实际状态与液位计、PT100的感应准确度有着不可分割的关系。其中任何一个出现问题都会造成严重的质量后果。

染色循环流量的大小是影响染色质量的一大因素。流量小，染液助剂在规定的上染时间内达不到循环次数，被染物得色量小、色浅、色花，当被染物局部密度大时不宜染透；流量大，染液在规定的时间内有足够的循环次数，被染物得色量充分，能最快达到匀染的效果。

常用纤维的吸水量与循环液量如表5-1所示。

表 5-1　常用纤维的吸水量与循环液量

纤维类型	运行 5min 的吸水量(L)	循环液量
锦纶	0.5~0.8	0.5~0.7
涤纶	0.7~1	0.5~0.8
棉型混纺	1.3~1.7	0.7~0.85
CVC	1.3~1.75	0.7~1
腈/棉(AC)	1.3~1.8	0.7~1
丝光棉	1.3~1.8	0.7~1
黏胶	1.3~1.8	0.7~1
纯棉	1.4~1.85	0.7~1
人造棉	1.7~2	1~1.2
棉花	1.7~2.4	1~1.4

在低浴比染色染液的实际循环系统中,设备性能的改变是很关键的因素。分析目前设备的染色功能发现:如果没有设备结构的改变,传统的设备染液循环时就不可避免地会产生扬程和局部阻力的损失,而克服这些损失必须消耗一定主泵压力的能量。同时,循环过程中还存在一个非常大的阻力损失,那就是纱线密度的控制——即穿透筒子纱层的阻力消失与减弱的问题。这些阻力损失统称为压力下降损失,都是由于循环液(染液)产生强制循环的动力源——主循环泵的扬程来提供的。从已知的流体力学原理得知:系统中过程压力下降与流体流速的平方成正比,也就是与流量的平方成正比(流量=过流穿透面积×流速)。如果运行过程中液体媒介能够实现较大的比流量,从染色以及上染率这方面来考虑,对匀染是有利的。

超低浴比的染色生产工艺由于降低无水硫酸钠/无明粉与碱剂、助剂的量以及提高了染料浓度,吸附与固色会更快,染色过程其实并不是盐、碱越多就会越好,相反而是越多就越容易出现稀释电离,会造成过大的压力,产生吸附不匀的概率会很高,尤其是温度对所有促染剂的加快上染更会加大不匀的概率。但对高密度筒子(0.40~0.43g/cm³)的纱层从染料提升力以及上染要求来说是有好处的,高密纤维以及很多纤维(经轴纱的密度能达到在 0.48~0.51g/cm³)会存在吸水后溶胀的(如黏胶、人造长丝、天丝、锦纶)问题,则会因为阻力增大而产生很大压力(也叫压差值)升降变化模式。这种压力下降必然会使主循泵特性曲线的工作点向较高扬程方向运行,染液流量也随之下降,加上还有至少25%左右的泄压量,即实际产生的流量已经发生变化,并不是原设定的流量,而且主泵有可能没有工作在特性曲线上的经济效率范围内,据资料介绍通常认为主泵在不低于最高效率的5%~10%范围内工作是经济的。运行中出现这种情况,那么纱线中的染液循环流量会对应下降。另外整个循环系统压力增高,就是表现还有相当一部分染液可能从密封较差的接口泄漏,造成染液短路。就是说,实际染液的循环是受到整个系统影响,而不是有纤维的阻力或者是温度等外来因素造成,实际的主要因素就是要加强设备主泵性能的技术改造,配合染色要求进行扬程与流量的设计。

在传统筒子染色机的设计中普遍认为:纱线与染液的交换频率,主要取决于染液的循环流量,因此对流量的选取都有各自的看法,由于是大浴比浸染技术,所以对扬程的选取并不看得那么重要。超低浴比染色控制技术的要求,从原理上已经开始脱离传统的设计技术:主泵的特点就是大流量、高扬程、高比转数。在实际生产中,很多染色设备的结构上存在较大的不合理,如顶锁、换向装置等容易产生很大的泄漏,造成染液循环削减短路,而为了保证足够的染液量必须穿过纱层,而且是快速加大循环次数,所以不得不将总流量的25%~30%用于补充这部分泄漏。实际利用量还不到75%~80%。从这一点可以说明,传统的比流量只是说明所有循环染液在缸内的流动数值,并不是能够满足液对筒子纱(纤维)所循环交换匀染的穿透比次数,即穿透流量比数,所以没有反映出纱线染色实际需要的单纱单位所耗的比流量。传统染色机器的循环比数基本上保持在14~16次/min,而经过试验改进,目前设备已经可满足30~42次/min的循环比数,相当于提高3~4倍的基数。基于此改变模式,使染色循环交换速度提高,染料溶解的同时上染、促染也同时得到了加速。

染色过程中压力的改变会直接影响染料的上染、匀染吸附速度,在正常染色控制中工作压力一般控制在$(2.5 \times 10^5 \sim 3.2 \times 10^5) \pm 0.2 \times 10^5 \mathrm{Pa}[(2.5 \sim 3.2) \pm$

0.2] bar 状态。这个过程压力对染料在高压状态下的分散匀染效果明显提升，在低液位的循环压力下没有足够的压力就会造成系统加料动作异常，直接影响染色质量。

从流体力学的角度考虑，染液在主循环系统中要有良好的水泵特性，尽量减少局部和沿程阻力损失。局部阻力损失主要发生在换向装置、热交换器及管道弯管处，沿程阻力损失主要发生在循环管路中。采用平稳圆滑过渡，缩短管程等优化设计结构，均可减少水流量与压力损失。主循环泵作为染液循环的动力源，应具有较高的效率和良好的抗气蚀性能。由于目前大部分筒子纱染色机主泵采用了交流变频控制，按照同步染色技术控制的要求，主泵的流量和扬程在一定的范围内可变化，这就要求主泵的特性曲线必须平稳圆滑，不能出现尖峰现象，否则会使流量和扬程在变化过程中产生波动，造成染液循环流量不稳定以及无效空转运行，影响上染过程的质量。实践证明，不稳定流量是出现在分散流体阶段时间内，不能有效均匀穿透。这个结果会导致内外层色差与染花的可能。

四、低浴比冲击式脉流染色

1. 染色原理

冲击式脉流染色可在低浴比下进行，染液不浸泡纱线，大大减少染料的助剂用量，纱线与染液由于不浸泡在水中，减小了纱线渗透阻力，加快染色交换速度，利于匀染和缩短染纱时间，电动机转速泵水牵引染液冲洗纱线循环，使纱线和染液的循环频率可由电动机转速控制，这就是冲击式脉流染色原理。冲击式脉流染色原理如图 5-1 所示。

脉流动作由"时间脉冲发生器"产生，每分钟改变电动机 5 次循环波动频率，这个频率变化是在水位允许范围内产生波动。由染色工艺给出理想参考模型（水位调节规律）与变频电动机控制转速，驱动超低浴比三级叶轮泵输出脉流（水泵出水），水位监测警戒线给出水位参考辨识，调节变频电动机转速达到染色工艺的冲击脉流。在生产批次参数设置中输入工艺要求的液量值以及对应

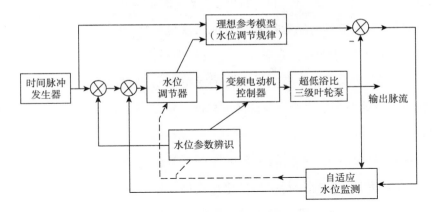

图 5-1　冲击式脉流染色原理图

水类别。

制订染色工艺时,要充分考虑工艺参数(如温度、时间和浴比等),纱线与染液的相对运动以及染液温度和浓度的均匀性等脉流染色中的关键因素,以使纱线受控染色,保证良好的染色质量。

冲击脉流染色原理以其显著的节能减排效益和优质工艺特性已获得的应用,在所有电气节能系统中都有这个技术的使用,由于变频技术的开始,现在这个技术成为纱线脉流染色工艺主要加工方法之一。脉流染色设备的结构与传统溢流或喷射染色有较大差异,由于设备性能与染色工艺的相适应性,设备本身的结构设计,以及染色过程的控制问题等,使脉流染色产品存在一些质量问题得到解决。

2. 相应染色配套

(1)染色工艺。绞纱染色、筒子纱染色和经轴浸染三种方式都属浸染,所用染化料、助剂基本一致,但是染色工艺各有不同,得色量差异较大。所以有些绞纱厂将这些问题混在一起看待,人为地将质量与成本提高,从而加重了企业的经济负担。生产加工方式不同,整个生产流程有较大差异,产出量差异较大而导致现在更多的厂家逐步在淘汰常温绞纱染色产能而转上高温筒子纱染色项目。最近几年出现部分染纱厂在试验开发低浴比以及半缸染色技术,还有恒浴比染色技术的工艺思路。在面对生产技术多样化的同时有很多的关键控制过程非常重要,不是简单的降低耗水量就能实现低浴比,也不是所有化工助剂能够适宜低浴比的工艺配合。在整个生产过程中对于筒子纱的密度控制与压力也有一定要求,如果密度不在实际设备要求范围内,则所有过程就不能有效满足实际所需要的结果。生产环节的所有标准一定要满足低浴比液量循环(如纱架的分流、纱杆的水量、工作压力),少了一个条件就会出现染色质量在化学反应中的缺陷,就会出现不可控的质量问题,导致质量的不稳定。

(2)管路系统。实际运行中的变化是设计开始时所不能预计的,在实际配套生产中,有的染色胶管是不能够适宜于低浴比染色循环的,循环量与循环流量均匀度是着色吸附的关键,每个位置的上染次数不一致就会导致染色色花的出现,在大浴比染色时不会出现上染障碍。所以要求会高于传统染色机的配套设计。纱管的循环流量孔与接触面积要按照孔径的 150% ~ 180% 计算(表5-2),无缝间隙要保持匀称。

一般纱管的特点分析如下:

①通用优质耐高温不变形的高强度增强型(PP、PO)材料为佳。

②耐酸碱抗腐蚀、抗脆损能力高。

③表面具有纱线防滑花纹。

④具有纱线两端防滑的径向凹槽。

⑤标准的 148~152(152~154)mm 横动纱线距离孔径(方孔、圆孔)设计,可确保纱线在运动过程中不出现露孔泄漏,有效保证染色质量,满足运动循环过程的松动距离效果。

表5-2　常规染色管的设计要求参数

名称	总高度	有效高度	小口内径	小口外径	大口内径
普通圆孔纱管	171mm	163mm	50mm	57mm	57mm
普通方孔纱管	171mm	163mm	50mm	57mm	57mm
盲管带密封圈	171mm	163mm	49mm	57mm	57mm
圆孔高密封性	171mm	163mm	49mm	57mm	57mm

（3）液量控制。所有染色项目中要求最高的就是筒子纱染色,但筒子纱染色和经轴浸染染色之间的相似之处较多,但是在开发项目中的投入还是相当大的。目前的染色工艺技术已经不能适应越来越高的生产需求,在设备的改进投入中已经付出了高昂的代价,但实际研发出来的技术还是不尽人意,在一般的大载量染色机中还是能够象征性地在现有机器性能上进行简单的改进实验——改循环换向原理,一旦牵涉各种机型就不会有很大的进展。这就是目前存在的有些工厂提出的"半缸染色理论"的基础。经了解,实际操作过程就是采用75%~85%的染色液量进行生产,而这个生产工艺的流程并不在于降低多少浴比,事实上染色液量达到纱线水位时已经不完全处于满水位的生产状态,气压缸染色从前处理开始至调整一直入水到标准高度,由于纱线之间与染缸之内的空间处于一定压力的条件下,纱线之间的空气也是对于液位上升有一定的压力,导致水量在一定抑制下造成水位不会完全达到100%的量,所以使用85%的水位染色不是表示降低多少浴比,使用70%的水量对于生产工艺来说也是能够接受的范围之内,这个阶段对机械要求不会有更多的限制,还是可以基本完成的,但不是低浴比半缸染色水位技术的核心所在。而且循环方式的改变也是完全能够满足质量要求的,对于生产工艺来说并没有其他的特殊要求,染色过程对于工艺也没有特殊的执行要求,如常规的清水化碱染色法正是用的此种生产技术。所以,目前的这种半缸染色理论不是很标准的含金量很高的技术,节能降耗量也并不可观,按照这种生产工艺也要达到吨纱耗水在100t左右。

在实际生产过程中,由于循环压力与浸染的时间关系,下半缸完全浸泡在染液中,主泵的循环压力还是维持以前的大循环量的循环比次数,所以染色结果出现上下纱层的颜色差异以及得色色光不一致。因为循环主泵的设计按照大流量高压力的要求运行,所以在低浴比的运行中不能满足循环叶轮的吃水力度,导致水压流量不能直接达到最高的压力穿透速度,在过程中也不能坚持稳定的循环速度。在面对最低液量的染色运行压力时,设备的关键改进提升很重要,就如一架蓄势启航的轮船需要全新的动力系统支持它的持久耐力,在高速运行的过程中保持染色需要的压力与流量是对新技术的一个挑战,要想实现低浴比的技术就需要很好地满足该技术的要求。

五、低浴比脉流染色的工艺控制

脉流染色属于超低浴比运行过程的一种机械状态运行模式,类似于电动机系统的脉冲大小变化概念。由于其设备结构特点与流量检测的配合,表现出与普通溢流或喷射染色不同的特征。

1. 对染料和助剂吸附上染的影响

脉流染纱与普通溢流或喷射染色的最大不同,就是其能在非常低的浴比(1∶3以下)条件下实现染色。然而,这种低浴比染色条件会造成染料对纱线上染率的变化。如在活性染料染色时,染料的直接性随着染色浴比的降低而提高,使染料对促染剂(如元明粉、食盐等电解质)的依存性降低,上染率提高,较少的固色剂(碱剂)就可以获得较高的固色率,而固色剂的减少,又可以降低染料的水解。因此,为了控制染料的上染速率,理论上宜使用直接性较低的染料或采用化学改良技术进行控制。

2. 纱线与染液的快速交换

在超低浴比过程中,必须通过纱线与染液足够的交换次数,才能完成染料的上染,脉流染色也是依靠这种方式来实现染料对纱线的上染。所有上染的介质必须通过足够的交换次数与压力才能达到理想的利用率。

显然,单位时间内纱线与染液的交换次数越多越有利于匀染和缩短染纱(色)时间;脉流染色低浴比染液,循环频率高且纱线带液量低可使运行速度更快,纱线与染液高频率的交换也更利于匀染。在适宜的染色工艺支持下,脉流染色可以实现快速染色。

本技术是染液不浸泡纱线,故染液对纱线不存在阻力,使纱线染色具有更优的上染效果,而且还可以带来省水节电等一系列好处,如图5-2所示。

3. 脉流牵引的纱线循环方式

普通溢流或喷射染色设备染纱时,纱线的运行速度由染液喷射量来决定,染液喷射量的降低会使纱线运行速度变慢,且进一步影响纱线与染液的交换频

図5-2　低浴比脉冲染缸

率。而脉流染色时,纱线循环是靠脉流牵引,染液的循环频率可以根据工艺的需要独立控制,改变染液量,并不会影响纱线的循环频率。而这个时间段由于筒子纱外面没有浸泡液的影响,脉冲速度不受阻力影响,从而加快染液循环速度,增加压力就会将染液变成气体冲击纤维完成交换过程。在整个过程中交换循环平衡次数的数量决定染色均匀的结果。

4. 染料上染纱线的变化

染纱过程包括染料的吸附、扩散和固着三个基本过程,其中固着过程时间较长,而染料的吸附和扩散过程与染液和纱线的相对运动有关。由流体动力学可知,液体的运动黏度随温度的升高而降低,而脉流的运动黏度却随温度的升高而提高。对于脉流染色,随温度升高,染液运动黏度的降低和气体运动黏度的提高,更有利于打破吸附和扩散边界层的动态平衡,使该边界层厚度变薄,利于染料向纤维内部迁移,从而缩短染色时间。与此同时,两种流体运动黏度的变化,还为提高纱线的运行速度提供了条件。换言之,在循环流量不变的情况下,脉流黏度的增加提高了其对纱线的附着力,使纱线运行速度加快,更有利于染料对纱线的均匀上染。

对脉流染色过程起关键作用的因素还有工艺参数、设备结构性能和功能设置(如纱线与染液的相对运动、染液温度和浓度的均匀性)等。

六、低浴比三级叶轮泵染色机染色

低浴比三级叶轮泵染色机纱线染色技术最大的特点就是突破传统的理念，从而实现1:3的超低浴比染色，染纱水位不浸泡纱线，因此使得纱线染色难度加大。在纱线暴露在液面之上的情况下，为了保证筒子纱染透、染匀，必须保证轴笼、设备的密封性，内外压差充分且足够。在低水位生产条件下，如何保证染液与纱线均匀、充分地结合，单位时间通过纱线的流量是多少，整个染液多长时间循环一次才能确保染液的充分利用从而确保上染率，如何克服低水位可能带来的对设备、质量、工艺参数的影响等都需要投入巨大的时间与精力去做相关的研发与论证工作。由于主泵的改变使低液量运行中的压力与扬程不受影响，染色过程才有足够的上染平衡力促使纤维上染的持续平衡，也不会出现大浴比生产过程中的循环水域对纱线的冲击强降。即当流速与循环比流次数提高一定倍数也不会造成纤维的毛羽率提高太多，这是传统染色设备无法达到的一点，在纱线外围没有浸泡的过程中循环流体速度加快弥补主泵循环液量的要求促使工作压力保持不变。

七、水质的影响与低浴比筒子纱染色前处理要求

1. 水质的影响

（1）硬度。一般染色对水质要求很严格，而翠蓝以及艳蓝对水质更敏感，水的硬度最好控制在15mg/kg以下，硬度高易导致染色色花以及牢度不合格，还会给后处理水洗带来障碍。人造棉类会将纤维硬度转移至水中，须更加注意水质的检控，以及元明粉等染化料助剂不纯也会提高水质硬度，染色过程中对水质的监控是必须做的工作，如表5-3所示。

表5-3　染纱用水水质基本要求参考

标准测试项	pH 值	浊度（度）	总硬度 （以 CaCO$_3$ 计，mg/L）	总铁 （mg/L）	游离氯 （mg/L）	氯化物 （mg/L）
标准值	6.0~7.5	<2	<20	<0.1	<0.1	<220

在染色工艺中目前一般使用的统称软化水,而软化水的标准值在染色工艺中以及染料上染过程中的变化没有界定的强制要求,所以只要经过处理的水质都默认为是软水。

水质硬度高会影响纤维与织物的手感,对于活性较强或吸附渗透力强的化学品容易分层,阻碍其运动的效率,染料(活性染料等)容易快速凝聚,碱性越高,上染局部越快而造成质量问题。离子偏阳性的助剂,水质硬度高能加快吸附扩散障碍造成色差与强力差异,粉尘吸附在表层现象严重。

软水的标准应该严格分为以下三类:

①硬水(≥80ppm),这类水质在绞纱、染布、染面包纱之类的工艺中不容易看到影响,是因为该类型的染色物质没有厚度与严格密度,所以过滤的作用没有体现。

②常规筒子纱合格软水(30~50ppm),该类质量的软水在常规颜色与非漂白筒子纱的工艺中能基本满足要求,在大浴比工艺中(浴比>1∶8)内层过滤的效果基本能满足;但是在低浴比工艺中(<1∶4)容易出现过滤沉淀,因为低浴比工艺设备只能实现单向循环,而单向循环是一个快速交换与冲击的流量循环,所以没有机会往复交替清洗,而纤维中的杂质与水质硬度高的沉淀物形成第一过滤层,交换次数越多就在高温条件下碱性附着更结实,所以容易使内层不干净且黄变较多,也是导致染色后内层容易色深的原因之一。

③最佳合格软水水质(<30ppm),水质越软说明水中含杂量越低,硬度越低说明金属离子含量越少,金属离子含量低说明水的色度与浊度低。该水质在各种纤维前处理和染色中,由于杂质与金属离子含量很低而不会形成沉淀附着,对于染料的破坏与积聚有利,更有利于减少色斑、色点的产生。

(2)浴比。以下针对几种有代表性的颜色以及纤维简要分析水质对低浴比筒子纱染色工艺质量的影响。

①水质在浴比过低的条件下容易与纤维交换,吸附过于强烈,造成水量不够的条件下无法清洗干净,大浴比水介质在浸泡过程中有明显的优势可以弥补该问题。所以在低浴比技术中容易存在水中杂质的沉淀造成染色质量变差。

②在同等的硬度以及金属离子存在的条件下,大浴比染色容易出现染料的溶解积聚加快,所以要注意工艺变化。

③在碱性条件下,水质差的低浴比工艺易吸附不匀而造成染色质量问题。

④水质差的低浴比工艺容易在交换过程中内层沉淀物比外层多,内层化学处理的程度不同于外层,在碱性条件下尤为明显。

⑤水质差的低浴比工艺过程中对于高支纱纤维的上染着色破坏明显,尤其是化纤类纤维更加直接明显,它会造成染料在纤维表层与水质残留清洗不均匀的条件下形成色花,尤其是边角很明显(层差很大)。

⑥水质差对染色色牢度在大浴比工艺环节中也有一定影响,还会降低牢度,增加生产成本,但是在低浴比工艺环节中更加明显,尤其是对分散染料的影响很大。

⑦水质差对于后处理软油系列的离子副作用很明显,对于纤维内部的残留清洗较困难,容易形成白斑与织物横条档。

⑧水质差容易造成高温氧漂(煮纱)过程中内层沉淀较多。实践证明,超过60℃水质就会直接表现在筒子纱表面以及内层;浴比低更加明显。具体表现在毛效不匀、白度不匀、染色色花、白节纤维等几方面。

⑨水质差在同样工艺条件下会使碱性稳定性不好,造成前处理工艺的助剂用量增加。

2. 前处理对染色的影响

染纱质量的关键在于掌握"人、机、物、环法"。"八大稳定"更是前处理质量的关键所在。八个稳定是指:工艺稳定、原料稳定、计量稳定、加成稳定、设备稳定、过程稳定、水质稳定和密度稳定。

(1)科学选料是关键。试验是确定优良工艺的前提,验证与重现是前处理工艺的支持,小样与大货资源一致是不可多得的条件。前处理不良会对成品造成不良影响,形成很多纱疵,如圈圈纱、油污纱、蛛网纱、大小纱、腰鼓纱、无捻纱、扭结纱、竹节纱等。

(2)筒子纱检查。松纱原纱是否有强力问题,是否有黄白纱,混支纱成型是否有蛛网,密度是否有明显松紧问题,纱管是否有破损,对于染色质量与压差的影响非常明显。

（3）装笼。要及时检查纱杆是否松动,是否装反,是否有不干净的配件混用,是否有锁头压紧纱支,纱支数量要与生产卡进行核对。

（4）其他因素。助剂要进行核对,纱支要进行检查辨认,要检查筒纱成型是否良好,锁头要注意是否压紧,水位高度要进行核对,必要时要开盖检查水位。要检查染化料桶是否有沉淀,是否有化不开的现象。要取前处理纱样与标准纱样核对是否正常,要取染料液样检查与工艺标准是否正常。要检查水位、机台是否工作正常,检查温度控制是否正常,主要温度是否超温,正常温度控制范围在±1℃,检查保温时间是否与工艺要求相符。

综上所述,如果前处理不当,如强力低、助剂过量、标示不清、温度过高、水洗过量、漏压都会对质量有一定的影响。

以氧漂为例,氧漂生产工艺制定要求如下:

（1）渗透精练剂0.8~1.3g/L。优良渗透与分散效果兼容的、优质纤维适宜此用量,纤维(被染物)品质差或配棉比例差的要提高用量100%~200%。

（2）稳定剂0.3~0.4g/L。以分散性强的阴离子、非离子系列为主,在实践中如果选择软水分散剂或分散剂就可以完全替换。

（3）Na_2CO_3 1.5~2g/L。碳酸钠在纤维处理工艺中的效果是软化纤维保护手感、强力,同时兼容部分软化水质功能。

（4）NaOH(98%)1.5~2g/L。强碱在脱脂过程中可以提高织物白度,但是注意不要过量,最好是与纯碱(碳酸钠)配合使用,也是减少中和清洗难度的一个重要手段。

（5）H_2O_2(27.5%)4~8g/L。漂白及浴比降低的同时也要考虑氧化分解的降低,所以漂白剂低浴比单位用量要高于大浴比,用传统工艺的量来处理低浴比工艺,也是容易导致精练白度受影响的一个因素;由于使用分散助剂作为融合介质,所以一般用量(6~15g/L)不会对织物强力造成影响。

（6）HAc冰醋酸1.3~1.6g/L。该助剂是一种容易分解且不耐高温的水溶剂,在低浴比工艺中考虑有大部分或部分纱线裸露在外,设备也是不锈钢材质,氧漂过程中含碱量很高,所以水醋酸的用量不同于传统工艺。用量应将染液pH 值调至 5~7 即可。

以超低浴比纱线染色的前处理工艺要求为例——低碱分散精练处理

1∶3 的超低浴比染色工艺与传统的染色工艺完全不同,就前处理工艺而言,标准的前处理工艺为:高温精练氧漂工艺,即 110℃漂白工艺,通过高温强碱精练的工艺将纤维的油脂、蜡质充分渗透除杂,纤维吸附上染毛效在 6~8cm/30min 的范围。在实际生产过程中人们一般只要控制好助剂的选型与添加量,就能够调整好纤维的渗透量。对于前处理工艺中精练剂的选择就是一个很大的考验,通常在选择渗透剂与精练剂时只是注意其分散渗透力,很少考虑分散、渗透、排气、匀染的效果,如不能控制好小分子量助剂的渗透力,则会影响其毛效指标,很容易将纱线的内外层毛效吸水量差异拉大,给上染效果留下很大的层差隐患。在前处理工艺的制定上,低浴比的助剂配伍性有很大的差异,制订工艺时针对各种不同的纤维也要区别对待。表 5-4 列出了几种超低浴比前处理工艺条件。

表 5-4　1∶3 超低浴比前处理工艺(一浴氧漂精练)

类型	工艺号	温度(℃)	速率(℃)	保温时间(h)	耗时(min)
氧漂	高温	110	3.5	20	105~120
精练酶	高温	110	3.5	25	110
氧漂	中温	100	3.5	25	105
精练酶	中温	100	3.5	25	105
去油	低温	90	3.2~3.5	20	90~95
低温氧漂(待开发)	低温	85~90	3.2~3.5	50	150

从表 5-4 的几个前处理工艺可以看出,整体工艺时间比较短。由实验结果可知,在这个时间内纤维的精练效果完全满足了上染要求,对于促染吸附的条件(毛效、pH 值、去油脱脂)即纱线毛效须满足 6~8cm/30min。

关于染色毛效与低浴比毛效的染色控制区别就在于低浴比上染率高。竭染程度相对要高;低浴比设备的循环交换次数要多,所以低浴比染色前的筒子纱毛效要控制在中等偏低为最佳。

低浴比筒子纱染色毛效的实际上染分段表现如表5-5所示。

表5-5　低浴比筒子纱前处理毛效的质量影响分析对比

毛效等级	毛效范围(cm/30min)	上染程度	结果走势
低级	3~5	色花不匀	不合格
中级	5~8	均匀	合格
高级	9~15	内外上染差异大	工艺控制难
最高级	15~20	内层很深	不合格

第二节　1∶4低浴比经轴染色技术

目前的机织纱线染色主要有筒子纱染色、经轴染色两种染色技术,但是目前传统经轴染色浴比为1∶(10~15)。同时,由于计划订单量的制约无法满足更合理稳定的浴比,导致生产成本高达吨纱耗水130~150t,对应耗汽量也高于筒子纱线染色技术,是染色企业极大的负担。

采用低浴比经轴染色新技术能有效解决染整工艺高耗能污染,实现节能优化清洁生产工艺,有效降低生产成本60%左右,满足吨纱耗水量60~70t,满足客户要求、提高竞争力,推动整个染整技术新工艺开发,实现节能清洁生产。

一、1∶4低浴比经轴染色技术特点

1. 技术特点

低浴比经轴染色技术能较好地解决经轴染色所存在的浴比大、成本高、污染耗能大等问题。传统染色浴比在1∶(10~15),甚至更高,而低浴比经轴染色技术由于浴比小,提高了染液与纤维之间的交换次数,加快上染循环的同时使染料、助剂、能源、水资源的消耗达到最低点,污水排放量也降到了最低点;并结合独特的循环染色效果,为染纱企业节能提供了更加合理的选择技术空间,工艺技术在所有的低浴比经轴染色过程中都可以实现。低浴比经轴染色技术具有高效、节能和环保的特性,改变了传统溢流染色以及大浴比浸染的方式,通过利用超低浴比脉流染色机来配合该工艺技术的开发,从而降低经轴染色的浴比,染色过程中的加料时间与频率缩短。该技术设备全部采用单向快速循环,配合优异的超低浴比染色助剂与工艺,避免了在低浴比条件下产生内外层色差的色花现象。由于低浴比的运行,经轴纱线所含的染液相对较少(储纱架内的纱锭和筒子纱缸染液是分离的),纤维含水率在 110% ~ 120%(表 5-6),所以即使在高温高压染色条件下,也不会对纱锭产生过大的张力,也不会对纤维组织造成损伤。

表 5-6 低浴比经轴染色新工艺技术中的纤维吸水率参考

纱支(tex)	密度(g/L)	吸水(L/kg)	备注
85.75	0.46	1.1	正常
27.76	0.46	1.1	正常
14.57	0.47	1.15	正常
11.66	0.47	1.2	正常
0.13S/2	0.47	1.15	正常

由于经轴染色的密封较好,所以可以采用高压循环的条件,也有利于低浴比染色。

2. 染色配套要求

(1)高勋 GF241XL 系列染缸。

(2)市场所有适宜的整经机(配套简单,无特殊要求),有效满足经轴染色要求密度即可。

(3)水压 $3 \times 10^5 Pa$(3bar),蒸汽压力 $7 \times 10^5 Pa$(7bar)。

(4)专业低浴比助剂(顺德湛丰)。

二、1∶4 低浴比经轴染色工艺

1. 工艺操作流程

(1)180mm 盘头经轴。

(2)德国 SETEX-777 控制计算机。

(3)将轴装入带有水臌的轴架→吊入空缸→按照 1∶4 的比例将水注入至规定液位→检查密封与压力→减去纤维吸水(110%~120%的水)→再注入第二次工艺步骤的水→选择程序开机。

(4)按照工艺要求的步骤进行操作。

(5)记录过程变化。

(6)准确称量相关染料、助剂(表 5-7)。

(7)前处理取样对白度、皂洗取样对色。

表 5-7　助剂投加标准

序号	助剂	用量(g/L)	工艺
1	精练酶	6.5~7	110℃×(25~30)min
	除气剂(DRC)	1.5	
	分散剂	0.6	
	软水剂(可不加)	1.5	
2	H_2O_2(50%)	6~8	
3	QH-210	0.6~0.8	90℃×5min
4	除氧酶	0.6	65℃×5min
5	HAc	1.3	
染色	分散剂 GD	1.0	
染色	分散剂	0.6	

注　毛效 5~9cm/30min。

2. 检查流程

(1)确认密度要求,按照标准进行松纱(1.0~1.2kg/个)或整经密度,直径要满足染色需求。

（2）每个来纱要将纱支以及成分做好记录，按照纤维检测要求进行初步目测或溶解法检测。

（3）确认纱的重量，对应吸水要求按照1∶3的浴比进行计算。

（4）按照浴比对应液量称量所有助剂。

（5）确认气源压力是否正常。

（6）检查主缸一切附件是否正常。

（7）检查来纱的质量是否符合染色标准要求。

以上确认正常后方可进行以下生产流程：

（8）空缸入水1∶4的液量。

（9）吊纱入缸开机运行5min，开始记录含水量作为标准浴比计算参考值。

（10）进入下一步入水时在计算机程序里面按照计算公式在批次里面输入减去湿纱含水量的用水量。

（11）选择对应的泵速以及频率来控制运行。

（12）选择相应的生产规定工艺程序。

3. 低浴比经轴染色用轴要求

低浴比经轴染色用轴要求如表5-8所示。

表5-8 低浴比经轴染色经轴规格型号

经轴类型（mm×mm）	边盘厚度（mm）	密度要求（g/L）	载量范围（kg）
1600×180	600~700	0.46~0.475	9~14
1600×320	800~1000	0.46~0.475	20~30
1600×350	800~1000	0.46~0.475	25~33
1600×400	800~1000	0.46~0.475	40~55
1800×180	600~700	0.46~0.475	10~15
1800×320	800~1000	0.46~0.475	22~32
1800×350	800~1000	0.46~0.475	28~35
1800×400	800~1000	0.46~0.475	45~60

4. 工艺特点

(1)染液循环。低浴比经轴染色技术改传统的循环方式为纯单向(IN-OUT),降低设计制造的难度,实现快速循环染色交换新技术。

(2)水洗。传统工艺一般是采用溢流水洗或直接排水进行冷水清洗 3~5min,而新工艺采用脉流水洗,可以在控制水量的情况下,实现强力清洗而不对纱线产生影响,时间短耗水量低。传统水洗一般是采用冷水清洗,对纤维的残余碱以及氧量不能完整地稀释清洗。热水清洗是建立在缸身温度较高的前提下少量加热进行热循环清洗,有效解决高温精练残留的碱剂与残氧量,充分满足后续清洗的条件,提高染色质量。高温酸洗是一个有效解决纤维 pH 值过高以及清洗的重点过程,传统工艺一般就是建立在低温以及冷水洗模式,这样的纱线表层与内层的 pH 值不一致,也会出现白度泛黄现象。

(3)加料。低浴比经轴染色技术提升加料速度,传统加料模式是采用慢加入,一般要至少循环 2~3min 才加入 H_2O_2。低浴比经轴染色新工艺不需要添加双氧水稳定剂。

低浴比经轴染色新工艺技术改进染色过程中的加料时间与加料间隔(表 5-9,由以前的加盐 2~3 次,每次 10~15min 缩短至 3~5min,加碱 3 次缩短为 2 次,1 次 3min,一次 DOSING 加料 15~20min),该设备全部采用单向快速循环。

表 5-9　新技术与传统工艺的加料过程对比

项目	加盐过程 1	加盐过程 2	加碱过程 1	加碱过程 2	加碱过程 3
传统工艺	1×(10~15)min	2×(10~15)min	50%×10min	100%×40min	3×20min
新工艺	1×(3~5)min	1×(3~5)min	1×3min	1×(15~25)min	0

(4)助剂。低浴比经轴染色新工艺技术改进传统渗透精练助剂的性能模式,采用高分散耐碱性助剂,笔者同顺德湛丰助剂有限公司合作开发适宜低浴比的产品,满足染色要求。

(5)设备及工作压力。低浴比经轴染色新技术采用的是新型的超低浴比染

色设备(高勋 GF241-XL 低浴比染色机),见图 5-3,设备运行压力如表 5-10
所示。

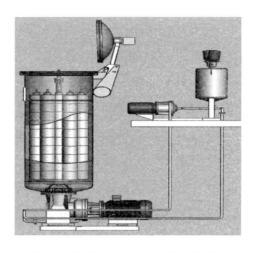

图 5-3　高勋 GF241-XL 低浴比染色机

表 5-10　低浴比经轴染色技术运行过程工作压力与压差

过程温度(℃)	工作压力(Pa)	压差(Pa)	备注
80	$2.85×10^5$	$2×10^5$	前处理
110	$3×10^5$	$2.1×10^5$	前处理
50	$2.7×10^5$	$1.6×10^5$	前处理
45	$2.7×10^5$	$1.8×10^5$	染色
60	$1.5×10^5$	$1.6×10^5$	染色
90	$2.5×10^5$	$1.75×10^5$	后处理
85	$2.5×10^5$	$1.6×10^5$	后处理

5. 染色牢度

对纯棉筒子纱采用活性艳蓝(6%,owf)低浴比(1∶4)经轴染色,色牢度测
试结果见表 5-11。

表5-11 纯棉筒子纱低浴比经轴染色牢度测试结果

项目	测试方法	工艺过程	牢度评级	标准
耐摩擦色牢度	ISO 105 X12-2001	耐干摩色牢度	4.5	≥4
		湿摩牢度	3.5~4	≥3
耐水洗色牢度	ISO 105 C06/99	色变	4.5	≥4
		沾色	4	≥4

三、1：4低浴比经轴染色技术对比传统工艺的优势

1. 时间

工艺时间对比见表5-12。

表5-12 工艺时间对比

过程对比	传统工艺（h）	浴比1：（10~12）	减少比例（%）	浴比1：（4~5）	减少比例（%）	传统水洗（次）	新工艺水洗（次）
前处理	4	2.5	37.50	2	≥60	5	3.5
染色	4	3	25.00	2	21	2	0~1
浅色后处理	2	1.5	25.00	1.5	25.00	3	3
中等色后处理	3.5	3	25.00	2.5	14.3	5	5
深色后处理	4	3	33.33	3.5	25	10	7、8

2. 能耗

工艺能耗对比见表5-13。

表5-13 工艺能耗对比

项目类型	耗能		节约	节约比例（%）
浴比	低浴比1：（4~5）	传统浴比1：（10~13）	6~8	≥60%
水（吨/吨纱）	50~70	110~125	60~70	≥54.5%
电（kW·h/吨纱）	600~1000	1800~2000	600~800	≥46.6%
蒸汽（m³/吨纱）	3~6	7~10	3~4	≥42.5%

3. 物料消耗

物料能耗见表5-14。

表 5-14　物料消耗对比

传统浴比 1:10	水位:7000L/700kg			低浴比 1:(4~4.5)	水位:2800~3150L/700kg		
助剂名称	单位用量（g/L）	总用量（g）	成本（元）	助剂名称	用量（g/L）	用量（g）	成本（元）
双氧水稳定剂	1	7000	105	渗透剂	1.0~1.5	3000	39
分散剂	2	14000	189	分散剂	0.5	1500	12
精练剂	1.5	10500	183.75	1128	6~7	18000	126
烧碱		14000	46.2	双氧水	8	24000	30
双氧水	4	28000	35	分散剂	0.5	1500	12
冰醋酸	0.5	3500	11.9	大苏打	0.5	1500	0.9
去氧酶	0.1	700	21	醋酸	1.3	3900	13.26
前处理合计		591.85				233.16	
元明粉	90	630000	409.5	元明粉	90	270000	175.5
纯碱	20	140000	175	纯碱	20	60000	75
匀染剂	1	7000	77	分散剂(染色)	1	3000	2.4
染色合计		661.5				252.9	
冰醋酸	0.5	3500	35	醋酸	1	3000	10.2
皂洗剂	2	14000	126	皂洗剂	2	6000	54
固色剂	2%	14000kg	148	固色剂	2%	14000kg	148
柔软剂	1.5	10500	330	柔软剂	4	12000	108
后处理合计		639				320.2	
总合计		1892.35				806.26	
节约（%）						57.39%	

四、1:4 低浴比经轴染色应用实例

1. **江苏鸥堡纺织染整有限公司低浴比经轴染色检测结果（表5-15~表5-17,图5-4）**

表 5-15　江苏鸥堡纺织染整有限公司现场应用结果

测试数据报告:2012/8/2　　　　　　　　　　　　　纱线:华润 50S/1 精密纺

过程	断裂强度（cN）	强度（cN/tex）	伸长（m/m）	伸长率（%）	断裂功（mJ）	断裂时间（s）	最大强力（cN）	最小强力（cN）	CV值（%）
原纱	280.6	24	33.1	6.63	42.6	2	232	232	8.04
精练后	288.2	24.6	29.5	5.9	37.3	1.78	252	252	8.01
染色后	294.3	25.1	29.9	5.98	38.2	1.81	194	194	12.58

表 5-16　低浴比经轴前处理精练氧漂后毛效测试结果

测试项/时间	3min	5min	30min	备注
精练后毛效(cm)	8.8	10.2	17	合格

表 5-17　低浴比经轴染色能耗对比

客户名称	机　　型	载量(kg)	盘头直径 (mm)	浴比	耗水 (吨/吨纱)	耗电 (kW·h/吨纱)	耗汽 (m³/吨纱)
瓯堡	GF241XL-90	137	180	1:4.3	50	600	3
	传统机型	137	180	1:12	120	1800	7~9
节约比例(%)	等量	等量	64	58.3	66.6	57.1

单轴140kg(550mm盘头)

图 5-4　企业生产现场图

2. 其他部分企业应用的能耗数据(表 5-18)

表 5-18　雅戈尔、孟加拉 AJK、联发等企业应用数据

客户名称	机 型	载量(kg)	盘头直径 (mm)	浴比	耗水 (吨/吨纱)	耗电 (kW·h/吨纱)	耗汽 (m³/吨纱)
雅戈尔	GF241XL-75	75	320	1:4	50	600	3
	传统机型	75	320	1:10	110	1650	7~9
节约比例(%)		等量	等量	60	54.5	63.6	57.1
孟加拉	GF241XL-187	770	400	1:4.3	53.2	870	2.41
AJK	传统机型	770	400	1:12	145	1790	5.61
节约比例(%)		等量	等量	64	63	51	57
联发	GF241XL-75	109	300	1:4	55	886	2.13
	传统机型	109	300	1:10	115	1600	7~9
节约比例(%)		等量	等量	60	52.5	44.6	69.5
瓯堡	GF241XL-90	137	180	1:4.3	50	600	3
	传统机型	137	180	1:12	120	1800	7~9
节约比例(%)		等量	等量	64	58.3	66.6	57.1

第三节　1:3 低浴比人造丝筒子纱染色技术

一、1:3 低浴比人造丝筒子纱染色技术概述

目前 80% 的技术人员仍在采用人造丝绞纱染色,使用 230mm 高度的纱管生产 600~750g 的筒子纱的很少。由于不能突破标准筒子纱的染色技术,尤其是不能突破单纱重量在标准高度 H150mm×D165mm 范围内为 1kg,也是造成能耗及成本高,效率低的关键因素,质量更加无法保障而不能生产。常见问题如:颜色灰暗,匀染性不够容易色花,并绞严重,成绞效率低。

1:3 低浴比人造丝筒子纱染色技术突破传统的染色技术与工艺要求,以特别优异的工艺性能操作模式,较好地解决了人造丝染色所存在的浴比大、成本

高、污染及耗能大等一系列问题。由于超低浴比人造丝筒子纱染色新工艺技术的浴比小,改变了低浴比染色技术中人造丝不能实现低浴比技术的难题。而传统人造丝染色浴比为 1:(10~15),甚至更高,低浴比最大的优势就是提高了染液与纤维之间的交换次数,加快上染循环的同时使染料、助剂、能源、水资源的消耗达到最低点,污水排放量也降到了最低点。

低浴比人造丝筒子纱染色独特的循环染色效果,通过利用超低浴比脉流染色机来配合该工艺技术的开发,从而降低人造丝筒子纱染色的浴比,为染纱企业节能技术工艺提供了更加合理选择的技术空间,以高效、节能和环保的特性满足成品质量,改变传统溢流染色以及大浴比浸染的方式。

二、1:3 低浴比人造丝筒子纱染色工艺

(一) 工艺要求

1. 松纱要求

1:3 低浴比人造丝筒子纱染色技术需要一个规定的标准密度参考,即 0.30~0.53g/L 之间,在这个值里的人造丝才能满足低浴比染色要求。如表 5-19 所示。

表 5-19　1:3 低浴比人造丝筒子纱染色对筒子纱的松纱规格与密度变化要求

纤维等级	重量(g)	高度(mm)	直径(mm)	密度(g/L)
66.66tex(600 旦)	970	148	145	0.49
33.33tex(300 旦)	970	148	150	0.45
27.77tex(250 旦)	970	148	144	0.5
16.66tex(150 旦)	970	148	144	0.5
13.33tex(120 旦)	970	148	135	0.48
11.11tex(100 旦)	970	148	140	0.38~0.4
8.33tex(75 旦)	970	148	145~150	0.36~0.38
5.55tex(50 旦)	970	148	145~150	0.34~0.37
16.66tex/2(150 旦/2)	970	148	154~156	0.42~0.44
13.33tex/2(120 旦/2)	970	148	154~156	0.42~0.44

选用丝饼与筒装丝进行松式转绕络筒,每个筒子总重量能满足标准密度之内的单纱重在 0.7~1.3kg 之间,满足生产质量的同时满足成本要求,其中筒子规格型号要求如表 5-20 所示。

表 5-20　1∶3 低浴比人造丝筒子纱染色用筒子规格型号(密度幅度±0.05)

纱线密度	筒子纱类型(mm×mm)	密度要求(g/L)	单纱载量范围(kg)
5tex(45 旦)	148/152×145	0.3~0.32	0.95~1.0
5.55tex(50 旦)	148/152×147	0.3~0.32	0.95~1.0
8.33tex(75 旦)	148/152×147	0.3~0.32	0.95~1.0
11.11tex(100 旦)	148/152×150	0.33~0.35	0.95~1.0
12tex(108 旦)	148/152×150	0.33~0.35	0.95~1.0
13.33tex(120 旦)	148/152×153	0.35~0.37	0.95~1.0
16.66tex(150 旦)	148/152×153	0.35~0.37	0.95~1.0
27.77tex(250 旦)	148/152×158	0.37~0.43	0.95~1.0
33.33tex(300 旦)	148/152×158	0.42~0.47	0.95~1.0
66.66tex(600 旦)	148/152×160	0.42~0.47	0.95~1.0

注　所使用的松式胶管为柱形管、斜筒管、一次性管等,能有效满足密封要求的所有胶管,也是所有耐高温材质制成的可满足密封要求的可成型胶管。

人造丝经过松纱络筒之后要经过严格检查,确认在对应密度之内才能进行生产。

2. 配套要求

(1)高勋 GF241XL 系列染缸。

(2)经过改进的(STALAM)SHC 型松式槽筒设备(配套简单有特殊要求),可有效满足人造丝筒子纱染色密度要求,在成型中适当地调整满足标准密度要求。采用槽筒特殊改变工艺技术转绕的筒子纱,其特殊的密度控制方式形成的标准筒子纱可以适应单丝、股线的人造丝系列。

(3)所有松纱前都要用袜套将筒管包好,松纱完成以后将袜套由里往外反过来予以包紧,防止人造丝滑脱。

（4）水压 $3×10^5$ Pa,蒸汽压力 $7×10^5$ Pa。

（5）市售常用助剂基本可以满足。

3. 操作流程

（1）低浴比技术染色设备(高勋 GFXL-241)。

（2）德国 SETEX-777 控制计算机。

（3）将整个筒子纱吊入空缸→按照 1∶3 的比例将水注入至规定液位→检查密封与压力→减去纤维吸水(120%～140%的水)量→再注入第二次工艺步骤所需的水→选择程序开机。

（4）按照工艺要求的步骤进行操作。

（5）记录过程变化。

（6）准确称量相关染料、助剂。

（7）前处理取样检查白度以及处理后是否产生黄圈。

（8）染色后取样检查是否有色花问题,直至皂洗(热水清洗完)取样对色。

4. 工艺流程检查

（1）确认密度要求,按照标准进行松纱(1.0～1.1kg/个),直径要求要满足染色质量需求。

（2）每个来纱要将纱支以及成分做好记录,按照纤维检测要求进行初步目测或溶解法检测。

（3）确认纱的重量,按照对应的吸水要求按照 1∶3 的计算进行开工艺单。

（4）按照浴比对应液量称量所有助剂。

（5）确认气源压力是否正常。

（6）检查主缸一切附件是否正常。

（7）检查来纱的质量是否符合染色标准要求。

5. 生产流程

以上一切确认正常后方可进行以下生产流程:

（1）空缸入水 1∶3 的液量。

（2）吊纱入缸开机运行 5min,开始记录含水量作为标准浴比计算参考值。

（3）检查纤维成型以及筒子纱的密度变化是否出现松脱。

（4）进入下一步入水时在计算机程序里面按照计算公式在批次里面输入减去湿纱含水量的所用水量。

（5）选择对应的泵速以及频率控制运行。

（6）选择相应的生产规定工艺程序。

超低浴比人造丝筒子纱染色新工艺技术的电动机主泵设定要求要满足纤维与物料在低浴比染液中的循环压力与交换，要满足染色质量的调试，也要满足纤维不受强力损伤（表5-21）。

表5-21　1∶3低浴比人造丝筒子纱染色泵速与压差选择（主泵功率100％＝50Hz）

纤维类型	泵速（％）	压差（Pa）	备注
人造丝单丝	80~95	$1.3×10^5 - 1.6×10^5$	密度调整
人造丝股线	85~95	$1.5×10^5 - 2.5×10^5$	密度控制

（二）工艺特点

1∶3低浴比人造丝筒子纱染色工艺全部采用单向循环染色，以满足设备稳定性来支持技术的实施，也是该工艺完全不同的特点。由于人造丝在低浴比的染液运行中纱线所含的染液相对较少，纤维含水率在115%~150%，每千克纤维还有150%~180%左右的液体通过快速交换循环满足染色上染率，也就是在高压条件下形成雾化气相染色形态。所以即使在高温高压染色条件下，也不会对纱线产生过大的张力，也不会对纤维组织造成损伤，也不会造成纤维局部染液停留时间过长，也利于超低浴比人造丝筒子纱的染色要求。

超低浴比人造丝筒子纱染色新工艺采用完全不同的前处理酸性去油新工艺，具体细节为：所有的前处理是没有开发做过酸性去油工艺的，在大浴比工艺中酸性及高温条件会造成染色色花，内层与表层容易色花，纤维强力下降严重，最大可以下降60%左右，是不能满足染色质量要求的。该工艺的不同之处在于利用渗透剂的吸附去油特点，结合酸与活性剂的分解分散溶胀原理，加快高温分解的速率来满足纤维内部结构的均匀度,实现高温条件下快速分解分散渗透剂的吸附力,形成去油不沉淀的特点,快速溶解人造丝本身所带来的浓残碱液,满足 pH 值在 5~7 的条件下组织结构才能均匀,使键基不会再次受碱性条件影响导致局部不匀。

1:3 低浴比人造丝筒子纱染色新工艺酸性去油新工艺用量标准参考(特殊条件下有变化),一般温度范围控制是工艺的执行重点,标准是 85~105℃。提高去油酸洗温度、高温酸洗是一个有效解决纤维 pH 值以及清洗的重点过程,也是提升与改变人造丝由于脱硫工艺存在的缺点,而传统工艺一般就是建立渗透处理为主的热洗模式,这样的人造纱线局部碱性处理效果不一样,也是存在白节丝严重的原因(表 5-22)。

表 5-22　1:3 低浴比人造丝筒子纱染色的酸性去油新工艺

序号	助剂	用量(g/L)	备注
去油 1	渗透剂 107	1.0~2.5	
去油 1(可加可不加)	除气精练剂(DRC)	0.5~1.5	(95~100)℃×20(15)min
去油 1	软水剂(CT)	0.8~2.0	
去油 1	HAc	1.0~1.8	
染色 2	QH-210	0.5~1.0	45℃×5min
染色 2	HAc	0.5~1.5	
后处理 3	HAc	1.0~3.0	
后处理 4	皂洗剂 1	0.5~1.5	
后处理 4	皂洗剂 2	1.0~2.0	
固色	固色剂	0.5%~2.5%	
过软 5	液蜡	1.5~4	
过软 5	柔软剂	0.5~3.0	

注　毛效 5~9cm/30min,如果水质差就应多加软水剂进行改善。

配合优异的超低浴比技术中的染色助剂与工艺调整开发,有效解决产生内外层色差的色花现象。

(三)技术特点

1：3 低浴比人造丝筒子染色新工艺的技术体现了短流程低能耗的特点,有效运用染色工艺的优势解决纱线染色过程中的去油精练,满足白度、强力、毛效及染色布面质量要求,充分体现节能优势。

1. 纱支密度、纤维吸水率

1：3 低浴比人造丝筒子纱染色新工艺技术中的密度、纤维吸水率控制要求与变化如表 5-23 所示。

表 5-23　1：3 低浴比人造丝筒子纱染色中纱线细度、纤维吸水率控制要求

纱线细度	密度(g/L)	吸水(L/kg)	备注
5tex(45 旦)	0.42	1.1	正常
5.55tex(50 旦)	0.42	1.1	正常
8.33tex(75 旦)	0.42	1.1	正常
11.11tex(100 旦)	0.44	1.15	正常
12tex(108 旦)	0.44	1.2	正常
13.33tex(120 旦)	0.48	1.2	正常
16.66tex(150 旦)	0.48	1.15~1.3	正常
27.77tex(250 旦)	0.49	1.2	正常
33.33tex(300 旦)	0.49	1.35	正常
66.66tex(600 旦)	0.49	1.35~1.5	正常

2. 染浴 pH 值与加盐促染

低浴比人造丝筒子纱染色技术是采用在酸性条件下进行的染色(pH = 3.5~5)技术,通过中性酸条件下的上染吸附条件改变,延缓人造丝本身上色提升率的物理属性,通过单向循环快速交换上染值,达到筒子纱里外层的吸附—上染—固色平衡。

染色过程中的加盐促染的加料时间与频率缩短(低浴比经轴染色的工艺技术:加料 2~3 次,而低浴比人造丝筒子纱染色工艺技术的加盐为 2 次,每次 5~

8min),所以低浴比人造丝筒子纱染色工艺缩短为 5～8min,比低浴比经轴染色技术更加缩短。

3．加料模式

低浴比人造丝筒子纱染色新工艺技术采用不论颜色深浅,全部是一次处理 15～20min(DOSING 70% 比例由慢至快加入)的工艺过程(表5-24、表5-25)。

表5-24 低浴比新技术与老工艺的加盐加碱操作过程对比

项目	加盐过程耗时(min)		加碱过程耗时(min)		
浅色老工艺	1×(10～15)	2×20	50%×10	50%×40	3×20
浅色新工艺	1×(3～5)	0	0	1×(15～20)	0
深色老工艺	1×(10～15)	2×20	20%×10	30%×20	50%×40
深色新工艺	1×(3～5)	1×(3～5)	0	1×(15～20)	0

表5-25 低浴比新技术与老工艺的助剂、染料添加操作过程对比

序号	助剂名称	应用模式	序号	助剂名称	应用模式	序号	助剂名称	应用模式
1	渗透剂/CT	(90～100)℃×(15～25)min	7	Na_2SO_4(50%)	(45～50)℃×(3～8)min	13	皂洗剂1	对应温度
2	分散剂		8	Na_2SO_4(50%)	(45～50)℃×(3～8)min	14	皂洗剂2	对应温度
3	HAc		9	升温	60℃/80℃×(15～20)min(有速率)	15	热水洗	对应温度
4	HAc	(60～75)℃×(5～10)min	10	Na_2CO_3	60℃/80℃/90℃×(15～60)min(定量加)			
5	HAc/CT/QH-210		11	固色保温剂	深浅不同保温时间	16	固色剂	55℃×15min
6	染料	定量或循环加	12	HAc		17	软油	55℃×15min

染色保温控制标准为 20min、30min、45min、60min。

后处理酸洗模式的改变,浅色酸洗一次冷水洗,深色水洗两次,深色水洗的

加强可以满足颜色的色变程度,有效改善传统工艺模式颜色不稳定的缺点。

说明:活性染料染色后颜色会变化,pH 值在碱性条件下皂洗(pH>8)的色变是不稳定的,要满足到中性(pH=7)的条件必须要有足够的酸性与次数,而不是一次加量可以完成的,而低浴比的工艺技术(浅色 1 次,深色加 2 次酸洗)恰好弥补这个不足。

三、1∶3 低浴比人造丝筒子纱染色技术的实施特点

1. 染液循环

新工艺工作压力控制在 $2 \times 10^5 \sim 3.5 \times 10^5$ Pa,有效满足循环穿透的压力。技术改传统的循环方式为纯单向(IN-OUT),降低设计制造的难度,实现快速循环染色交换新技术。

2. 加料与升温

新工艺技术染色过程中的加料:加盐一次(5~8min)、加碱一次(定量 DOSING 15~20min),加完促染剂之后保温(15~20min);也可以先加入促染剂再加入染料,加染料可以采用循环加料(5~10min);所有加染料动作也可以实现 DOSING(由慢至快)加料(5~15min)。

促染保温完成后实现速率升温 60℃或 80℃甚至 90℃,升温速率控制在 1~1.5℃/min。温度达到染料的标准溶解升华固色温度后,可以实现加碱(固色碱)采用 DOSING 加料。

3. 水洗与酸洗

传统工艺一般是采用满缸溢流水洗或直接排水进行冷水清洗 5~10min,而人造丝工艺技术采用脉流次数水洗,可以在控制水量的情况下实现强力清洗而不对纱线产生影响,时间短,耗水量低,以一个设定的水位值为标准,在适当水压条件下逐步满足液量,然后由液位控制系统给予信号指令,进入排水动作排至设定的低位 60%(标准水量的 40%为排水量),这个过程主泵循环系统一直保持高效运转进行清洗。

传统水洗一般是采用冷水清洗,对纤维上的残余碱以及盐的浮色量不能彻

底稀释清洗。热水清洗是建立在本身缸身温度较高的前提下,少量加热进行热循环清洗,有效解决高温精练残留的碱剂与残氧量,充分满足后续清洗的条件,提高染色质量。

4. 配套设备

1:3低浴比人造丝筒子纱染色新工艺技术采用最新型的低浴比染色设备——高勋GF241-XL超低浴比染色机,也有外包袜套进行生产的,见图5-5、图5-6。股线系列以及高特[33.33tex(300旦)]纱可以不用袜套保护进行生产,达到相同的效果。染色过程中的压力控制如表5-26所示。

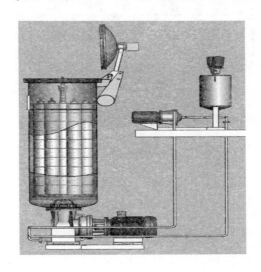

图5-5　低浴比染色设备(高勋GF241-XL低浴比染色机)

表5-26　1:3低浴比人造丝筒子纱染色运行过程工作压力与压差

过程温度(℃)	工作压力(Pa)	压差(Pa)	备注
80	2.85×10^5	2×10^5	前处理
100	3×10^5	2.1×10^5	前处理
50	2.7×10^5	1.6×10^5	前处理
45	2.7×10^5	1.8×10^5	染色
60	1.5×10^5	1.6×10^5	染色
90	2.5×10^5	1.75×10^5	后处理
85	2.5×10^5	1.6×10^5	后处理

图 5-6 外包袜套低浴比染色

5. 工艺变化

1∶3 低浴比人造丝筒子纱染色与传统工艺相比的优势如下：

染色加料分 3 次(染料、盐，中浅 1 次、深色 2 次，每次 5min)，操作更加简单快捷效率高；可以预排水再清水化碱。直接 DOSING 加料为 15~20min，比目前已有的某些低浴比工艺加料 45~60min 缩短 150%~200%；中温型染色工艺与高温型染色工艺流程是一致的，只是温度改变调整而已，不需要改变染色工艺流程；传统工艺模式需要分开多次加料，而且每次时间为 10~20min，加碱固色的时间为 60min，比低浴比人造丝筒子纱的工艺要长 40min，即 70% 左右的时间。新工艺可以在高温 90~100℃下皂洗，不会造成纤维强力损失，满足成品质量；也可以在 45~50℃下皂洗，实现节约能源，较传统工艺节约 80% 的蒸汽资源，工艺如表 5-27 所示。

表5-27 1∶3低浴比人造丝筒子纱染色后处理

皂洗剂类型	用量(g/L)	用量(g/L)	水洗方式	结果
常规皂洗剂	2	1	水洗	牢度合格
温度模式(℃)	(95~100)℃×10min	(85~90)℃×10min	80℃×5min	
低温皂洗剂	2	1~2	酸洗	牢度合格
温度模式(℃)	(45~50)℃×20min	(45~50)℃×20min	常温	

1∶3超低浴比人造丝筒子纱去油工艺过程中的去油步骤要求较高,流程工艺要求如表5-28或表5-29所示。

表5-28 1∶3超低浴比人造丝筒子纱去油工艺(一)

助剂	浓度(g/L)	用量(kg)	保温条件
渗透剂	1.5	4.5	100℃×20min
CT	1~2	3~6	
HAc	1~1.5	3~4.5	65℃×8min

完成表5-28中的工艺条件后要满足以下染色要求:pH=4~6,吸水率(毛效)=4~7/6~8cm/30min,表面无明显黄圈,纤维吸附渗透力明显增强,有利于提高匀染性。

表5-29 1∶3超低浴比人造丝筒子纱去油工艺(二)

助剂	浓度(g/L)	用量(kg)	保温条件
渗透剂	1.5	4.5	95℃×15min
CT	1~2	3~6	
HAc	1	3~4.5	
HAc	1	3	65℃×5min

完成表5-29中的工艺条件后要满足以下染色要求:pH=4~6,吸水率(毛效)=4~7/6~8(cm/30min),表面无明显黄圈。

以上工艺前处理与传统煮纱工艺的区别是:

(1)利用热水煮(60~90)℃×20min后排水的工艺,完成后直接进入染色过

程,结果就是色花严重,不能生产1.0kg的筒子纱,而且最容易出现的问题还有内外层色差严重。

（2）热水60℃水煮后排水直接染色,不加任何助剂。这种工艺时间短,但是容易出现白节丝色花质量事故,在所有工艺流程中没有任何改善作用,也是制约不能以筒子纱形式进行应用的一种工艺,所以在实际生产中只能以绞纱染色技术代替。

（3）目前有在大浴比采用小筒子低密度的生产模式进行的工艺开发,但是效率与生产成本与能耗太高,比低浴比技术要增加55%～70%的成本,对能源消耗控制并没有改善。

6. 染色牢度

对人造丝筒子纱采用活性艳蓝(3%,owf)低浴比(1∶3)染色,牢度测试结果如表5-30所示,满足生产要求。

表5-30 纯棉筒子纱低浴比经轴染色牢度测试结果

项目	测试方法	过程明细	牢度（级）	标准（级）
摩擦牢度	ISO 105 X12—2001	干摩色牢度	4.5	≥4
		湿摩色牢度	3.5～4	≥3
水洗牢度	ISO 105 C06/99	色变	4.5	≥4
		沾色	4	≥4

四、1∶3低浴比人造丝筒子纱染色技术的关键改变

1. 人造丝筒子纱低浴比与大浴比染色过程对比（表5-31）

表5-31 人造丝筒子纱低浴比与大浴比染色过程对比

过程对比	大浴比（1∶10～13）时间（h）	低浴比1∶3时间（h）	节约比例（%）	大浴比水洗（次）	低浴比水洗（次）	节约比例（%）
前处理	1.5	0.6	60.00	2	2	0
染色	3～4	2～3	33.33	2	2	0

过程对比	大浴比 （1：10~13） 时间（h）	低浴比 1：3 时间（h）	节约比例（%）	大浴比 水洗（次）	低浴比 水洗（次）	节约 比例（%）
浅色后处理	2	0.8	60.00	5	4	20
中等色后处理	3.5	1.5~2	57.1~42.8	7	5	28.60
深色后处理	4	2~2.5	50~37.5	8	6	25

2. 人造丝筒子纱低浴比与大浴比洗涤对比（表5-32）

表5-32　人造丝筒子纱低浴比与大浴比洗涤对比

过程对比	大浴比 （1：10~13） 时间（h）	低浴比 1：3 时间（h）	节约比例（%）	大浴比传统 工艺高温洗 （次）	低浴比新工艺 高温洗（次）	节约比例（%）
浅色后处理	2	0.5	70.00	1~2	0	100
中等色后处理	3.5	1.5~2	57.1~42.8	2 次 90℃以上	1 次 60~70℃	60~70
深色后处理	4	2~2.5	50~37.5	3~4 次 90~ 100℃以上	1 次 70~80℃	70~80

3. 人造丝筒子纱低浴比与大浴比能耗对比（表5-33）

表5-33　人造丝筒子纱低浴比与大浴比能耗对比

项目类型	耗能		节约	节约比例（%）
浴比	1：3	1：（10~13）	7~10	70~76.9
水（吨/吨纱）	15~40	100~140	85~100	85~71.4
电（kW·h/吨纱）	200~450	1000~1500	800~1050	80~70
蒸汽（m³/吨纱）	0.8~2.5	3~6	2.2~3.5	73.3~58.3
染色时间（min）	4~6	6~8	2	≥33

4. 人造丝筒子纱低浴比与大浴比助剂对比(表5-34)

表5-34 人造丝筒子纱低浴比与大浴比助剂对比

大浴比 (1:10~13)	水位:10000L/1000kg			低浴比 (1:3~3.5)	水位:3000L/1000kg		
助剂名称	用量(g/L)	用量(kg)	成本(元)	助剂名称	用量(g/L)	用量(kg)	成本(元)
渗透剂	1.5	15	150	渗透剂	1.5	4.5	45
CT①	1.5	15	105	CT①	1.5	4.5	31.5
精练剂	1.5	15	150	HAc①	1.5	4.5	15.3
				HAc②	0.5	1.5	5.1
CTZ②	1.5	15	105	CT②	1.5	4.5	31.5
分散匀染剂	0.5	5	40	分散匀染剂	0.5	1.5	12
元明粉	10	100	65	元明粉	13	39	25.35
纯碱	5	50	62.5	纯碱	7	21	26.25
HAc	1	10	34	HAc③	1	3	10.2
皂洗剂	0.5	5	40	皂洗剂	0.5	1.5	12
固色剂	0	0	0	固色剂	0	0	0
柔软剂	2	20	180	柔软剂	2	6	54
液蜡	2	20	200	液蜡	2	6	60
总计			1131.5	总计			328.2
节约(%)					72.10		

由表5-34可知:有些工艺技术人员在工艺配方制订的过程中没有使用软水剂,也没有使用分散剂,这个工艺中使用的软水剂是用于防止水质异常而设定的一种助剂,在水处理标准正常控制的条件下可以不使用,但是在前处理过程中渗透剂与HAc的共同配伍作用提高了渗透剂的分散性,重点是解决人造丝的高碱含硫一直无法清洗干净的问题,同时解决人造丝上染过快的问题,实现并满足缓染上染要求。这是所有传统工艺无法做到也是难度要求最大的一点(强力、毛羽、手感是该工艺极难控制的关键),而本技术就成功地解决了该技术难题,并应用于生产。

五、1：3 低浴比人造丝筒子纱染色技术的实际生产应用结果

1. 染品的质量结果

通过应用低浴比人造丝筒子纱染色新工艺技术,可有效提高筒子纱的光泽度,有效解决筒子纱的内外层质量问题,测试"A"级品满足 CMC<0.6 的要求,解决了传统工艺以及经轴超低浴比无法克服的缺点,同时为人造丝应用于针织面料上的开发提供了新的选择(表5-35)。

表5-35　1：3 低浴比人造丝筒子纱染色产品的 CMC 值

序号	颜色	owf(%)	CMC 值	评级	纱线细度
1	VL	0.4	0.22~0.27	A	13.33tex/2(120旦/2)
2	VL	4.6	0.34~0.8	B	13.33tex/2(120旦/2)
3	YW	0.3	0.35~0.78	B	16.66tex/1(150旦/1)
4	YW	2.02	0.35~0.78	B	33.33tex/1(300旦/1)
5	BL	0.243	0.26~0.35	A	16.66tex/2(150旦/2)
6	BL	0.243	0.26~0.35	A	16.66tex/2(150旦/2)
7	BL	2.41	0.26~0.56	A	66.66tex/1(600旦/1)
8	NY	2.92	0.36~0.94	B	13.33tex/1(120旦/1)
9	BL	4.53	0.27~0.5	A	8.33tex/1(75旦/1)
10	BR	4.52	0.22~0.68	B	33.33tex/1(300旦/1)
11	BL	0.74	0.07~0.24	A	16.66tex/2(150旦/2)

2. 新技术染浅色时的能耗(表5-36)

表5-36　新技术染浅色(owf≤1.0%)时的能耗(水压 $3×10^5$ Pa/蒸汽 $7×10^5$ Pa)

工艺技术模式	水(t)	电(kW·h)	蒸汽(t)	节约比例(%)
第一代	20~22	220~300	1.0~1.5	35~45
第二代	15~19	150~200	0.8~1.2	55~65

注　开机至出缸全过程的能量耗消耗值(不含中水回用消耗)。

3. 新技术染深色时的能耗(表5-37)

表5-37　新技术染深色(owf为5%~8%)时的能耗(水压 $3×10^5Pa$/蒸汽 $7×10^5Pa$)

工艺技术模式	水(t)	电(kW·h)	蒸汽(t)	节约比例(%)
第一代	35~45	440~550	2.8~3.8	35~45
第二代	30~40	250~400	2.0~3.3	55~65

注　开机至出缸全过程的能量消耗值(不含中水回用消耗)。

4. 新技术与传统大浴比技术的成本对比(表5-38)

表5-38　新技术与传统大浴比技术的成本对比(按1000kg超低浴比人造丝筒子纱计)

项目	价格(元)	新技术(1:3浴比)	传统技术(1:10浴比)	节约成本(元)	节约比例(%)
水(t)	6	40~45	>130	85	65.38
电(度)	1.2	300~500	>1500	1000	66.67
蒸汽①(t)	220	1~3	3.5~5.5	2.5	≥60.00
蒸汽②(t)	220	0.4~2	3.5~5.5	3~3.5	80~85

六、1:3低浴比人造丝筒子纱染色技术的整体特点与注意事项

1. 整体特点

从1:3低浴比人造丝筒子纱染色的生产结果来看,带来以下几个新的改变与突破,有效解决传统工艺的一些弊端。

(1)新技术满足了针织面料以及所有绣花线等高端产品的(层差、手感、匀染)要求。

(2)新技术开发满足了单丝以及股线的高端产品技术需求,提升了品质影响。

(3)新技术做到真正意义上的节能绿色环保工艺技术,与传统染色工艺相比有了很大的提升。

（4）新技术成功开发了所有不能批量单纱重1kg的高难度染色技术。

总之，新技术有效解决了人造丝不能低浴比生产的技术难题，突破节能技术的应用，尤其是高难度染色纤维的技术壁垒。

2. 注意事项

低浴比人造丝筒子纱染色新技术染色后的效果如图5-7所示（外包袜套系列）。

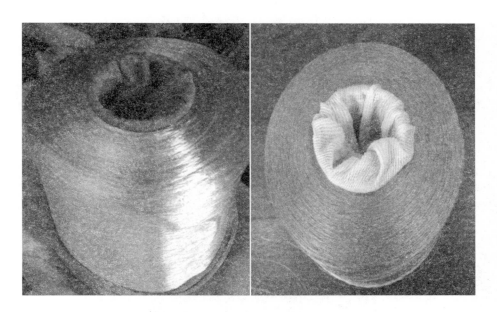

图5-7 外包袜套的低浴比人造丝筒子纱染色效果

低浴比人造丝筒子纱染色新技术的注意事项（外包袜套系列）：

（1）要采用标准的袜套（涤纶），按照长度100cm×直径5.5（6.0）cm。

（2）每个袜套染色前要包好套紧，以免循环过程中丝线滑脱。

（3）要将染色用袜套按照深浅色系列进行分开，减少色污染。

（4）也可采用外包袜套的形式（强拉条件45mm×36mm），在松筒完成后进行直接包裹套牢投入生产。

（5）对于人造丝的高特丝与股线可以直接不包袜套进行生产。

（6）对于不同人造丝要注意成型的松紧与密度要求。

（7）要注意人造丝的湿度在松筒过程中随密度的改变而变化（含潮率偏低的人造丝密度较松，反之，超过 10% 就会造成成型障碍）。

（8）采用常规脱水后退绕成型（STALAM 紧式槽筒），目前有多种转绕方式能满足超低浴比的染色要求。

参考文献

[1]范雪荣.纺织品染整工艺学[M].3版.北京:中国纺织出版社,2017.

[2]陈英,屠天民.染整工艺实验教程[M].2版.北京:中国纺织出版社,2016.

[3]何瑾馨.染料化学[M].2版.北京:中国纺织出版社,2016.

[4]吴立.染整工艺设备[M].北京:中国纺织出版社,2010.

[5]赵涛.染整工艺与原理[M].北京:中国纺织出版社,2010.

[6]吴赞敏.针织物染整[M].2版.北京:中国纺织出版社,2009.

[7]童耀辉.筒子(经轴)纱染色生产技术[M].北京:中国纺织出版社,2007.

[8]邹衡.纱线筒子染色工程[M].北京:中国纺织出版社,2004.

[9]蔡杰.基于低浴比筒子纱染色过程的pH值控制方法研究[D].广州:
华南理工大学,2012.

[10]李梦秋.基于三级叶轮泵低浴比染整设备节能染色方法的设计研究
[D].广州:华南理工大学,2011.

[11]许玖明.筒子纱、经轴染色工艺研究[D].天津:天津工业大学,2008.

[12]罗湘春.一种超低浴比染纱机的染液循环系统:中国:106906589A[P].
2017-12-5.

[13]罗湘春.一种粘胶纤维筒子纱低浴比染色方法:中国:104594079A[P].
2015-11-23.

[14]罗湘春.一种超低浴比经轴染色方法:中国:102877313A[P].2013-
3-4.

[15]兰淑仙,王浩然,陆林光.棉筒子纱内外层色差分析[J].印染,2018
(12):31-34.

[16]杨军,陈镇,唐海泉,等.低浴比染色技术研究进展[J].轻工科技,
　　2017(8):116-117.

[17]吴建中.浅析筒子纱染色的加工原理和调色质量控制原理[J].中国
　　石油和化工标准与质量,2017(20):17-20.

[18]赵艳敏,任亚佩.全棉筒子纱染色色渍影响因素分析[J].印染,2016
　　(17):26-28.

[19]丁佩佩,陈红梅.高支纯棉筒子纱染色工艺研究[J].染料与染色,
　　2014,51(2):24-26.

[20]韩大伟.棉纺织行业筒子纱低浴比染色技术简述[J].染整技术,
　　2014,36(4):10-12.

[21]蒋家松,侯秀良,杨一奇.筒子和经轴染色的液流分布及其匀染
　　性———些染整技术的回顾之十一[J].印染,2014(3):46-50.

[22]钱旺灿.纯棉筒子纱染色[J].印染,2013,39(16):27-29.

[23]柳金发,马小强.低浴比染色技术研究初探[J].武汉纺织大学学报,
　　2013,26(6):51-53.

[24]刘景全,赵宏军.腈纶、莫代尔、氨纶混纺织物低浴比染色工艺探讨
　　[J].染整技术,2011,33(8):22-26.

[25]杨青,郑晴,杨金金.提高全棉筒子纱染色一次性成功率的生产实践
　　[J].广西轻工业,2011(6):110-112.

[26]李晓健,滕永兴,任进和.浅色筒子纱超低浴比染色工艺[J].印染,
　　2010(9):23-24.

[27]吴良华.筒子纱染色质量控制要点[J].染整技术,2010,32(6):44-46.

[28]钟汉如,吴楚珊.高温高压筒子纱染色机专用脉流漂染技术[J].天
　　津工业大学学报,2009,28(5):46-49.

[29]徐国寿.纯棉筒子纱染色如何提高工效和质量[J].染整技术,2008,
　　30(12):48-52.

[30]林召海.筒子纱漂染层差疵病的控制方法[J].针织工业,2008(9):

43-45.

[31]高文波.筒纱染色的"一次成功"探讨[J].山东纺织科技,2007(2):
25-27.

[32]刘庆云,温新芳,刁永生.筒子染色内外色差色花原因分析及预防措
施[J].山东纺织科技,2006(1):30-31.

[33]高文波,刘向荣.影响筒子纱染色质量的主要因素[J].山东纺织科
技,2004(2):26-27.

[34]任进和,刘雪梅.经轴染色生产实践[J].印染,2004(14):17-18.

[35]刘宏喜.筒子纱染色色花疵病产生的原因及预防方法[J].天津纺织
科技,2003,41(4):37-39.

[36]许尧红.筒子纱染色内外层色差产生的原因及防止[J].染整技术,
2002,24(2):26-28.

[37]工业和信息化部.纺织工业发展规划(2016-2020年)[EB/OL].
(2016-09-29).[2016-11-20].http://info.texnet.com.cN/detail-
596837.html.

[38]中国印染行业协会.印染行业"十三五"发展指导意见[R].2016,6.

后　记

感谢所有染整行业的专家、同事、朋友一直以来给予我的大力支持,在1∶3超低浴比筒子纱(经轴)染色设备与工艺研发过程中对本人的大力支持,在各种条件下给予的平台验证;感谢前期同行业专家为本书的撰写提供了宝贵资料的支持,感谢香港高勋集团(高勋绿色智能装备有限公司)在研发超低浴比染色设备过程中大家共同付出的努力;感谢湛丰精细化工有限公司一直以来对本人工艺研发技术的全力配合;感谢各知名化工企业的互相交流与信任;感谢出版社编辑的辛苦付出。

由于本人水平有限,书中难免存在不足疏漏之处,恳请各位业内专家、学者不吝赐教。

诚谢

罗湘春

智能工厂装备系列：

全自动液体助剂计量输送系统

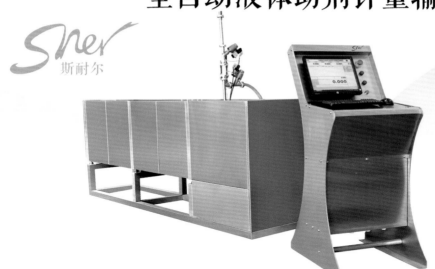

全自动液体计量输送系统，适用于前处理、染色、后整理等工序所用的液态化学品。系统控制原料从存储罐自动计量输送到各染色机及所需要的设备，其主要有以下几大特色：

1、采用全自动计量输送，实现无人操作，减低劳工成本；

2、电脑自动称料的精确度，通过全自动输送，降低人为的误操作，有效提高一次性命中率；

3、全自动称料输送比手动称料减少浪费10%-18%；

4、主栈、丛栈控制模式，可提高设备的稳定性，系统支持对接ERP系统。

斯耐尔智能装备（青岛）有限公司

- 📍 青岛市城阳区祺阳路3号
- 📞 0532-8481 4408
- ✉ sner_qd@163.com

智能工厂装备系列：

元明粉、纯碱自动溶解输送系统

元明粉、纯碱输送系统：从控制干粉储料桶自动下料计量、到自动溶解，然后管道自动输送到每台设备。

斯耐尔公司目前拥有的自动输送生产线，控制供应120吨/天元明粉。

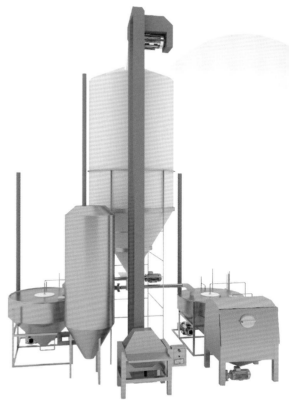

其主要几大优势如下：

1、实现无人搬料，减除高强度工种；

2、输送精准，减少浪费及有效提高一次性染色命中率；

3、合理的设计结构和输送模式，元明粉的结晶不堵塞；

4、合理的主栈、丛栈控制模式，提高设备的稳定性，支持对接ERP系统。

斯耐尔智能装备（青岛）有限公司

📍 青岛市城阳区祺阳路3号

📞 0532-8481 4408

✉ sner_qd@163.com

高效节能超低浴比全模式染色机 GFALA 系列

COMBO SERIES MODEL GFALA EXTRA LOW LIQUOR RATIO HT-HP FABRIC DYEING MACHINE

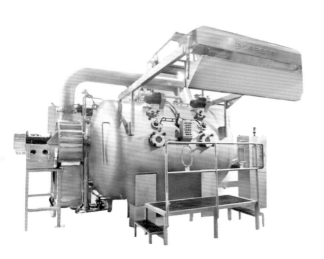

详细说明 DETAILED ≫≫

多个专利设计高效节能超低浴比气液染色机GFALA系列实现一机全模式染色（气流雾化染色模式、气液分流染色模式、溢流染色模式），适用布种范围广，可处染克重范围（80g/㎡～550g/㎡）各类针织、梳织布种，轻松覆盖高弹性高密度等高难度布种。具有远程在线检测控制系统及能耗在线检测控制系统。

GFALA COMBO HT-HP Extra Low Liquor Ratio Fabric Dyeing Machine, with patented design, can achieve the full modes of dyeing, i.e. air-flow atomization dyeing mode, combination air-flow and hydro-flow dyeing mode and overflow dyeing mode, specially suitable for a wide range of fabric types, knitted and woven fabric, with GSM from $80g/m^2$ to $550g/m^2$, also for fabrics with high elasticity and high density, has a long distance online inspection control system and utility online inspection control system.

产品特色 PRODUCT FEATURES ≫≫

≫ 染机特点：

根据处染织物的特性，可提供以下三种模式染色：

1. 气流雾化染色模式 2. 气液分流染色模式

3. 溢流染色模式

有效替换目前染整行业内的气流雾化织物染色机、溢流O形染色机等主流设备，还可以替代一些必须使用传统大浴比染色设备才能保证物理指标及染色质量如丝绸等织物使用的下走式L形大浴比染色设备。

≫ 超低张力织物运行系统：

- 多个专利设计超低张力织物运行系统，气流及染液喷嘴系统及提布系统内置到染缸中。

- 织物行程更短，节能效果更佳。

- 织物运行速度更快，染色质量大幅提升。

创新引领未来 科技造就品牌

高勋集团有限公司成立于一九九七年，经过近20年的高速发展，实现了一个总部两个生产基地的战略目标。旗下企业高勋绿色智能装备（广州）有限公司、高勋绿色智能装备（佛山）有限公司，是集研发、生产、销售、服务于一体的大型染整装备制造企业，是国家认定的高新技术企业，广州市创业领军人才企业（董事长萧振林）。现已成为中国高端节能环保纱线染色机研制龙头企业之一，产品广销于世界50多个国家和地区，纱线染色机在中国的市场占有率高达60％。多项研发节能环保产品荣获国家奖项。

致力于由中国制造变中国创造，绿色低碳设备在全球应用；承担社会责任，为我们的行业、客户和员工创造价值与利益。

具备国家质监总局颁发的特种设备制造许可证（2类压力容器）、设计许可证（1、2类压力容器）、安装改造维修许可证（C2级）。

拥有五大高新技术产品：GFALA高效节能超低浴比全模式染色机系列、GOXLB高效节能超低浴比溢流染色机系列、GF241XLB高温高压超低浴比全模式纱线染色机系列、GLFXA高温溢流染色机系列（低浴比下走式轻薄至中度轻质织物染色机）、GFS-B(HT)低浴比高温喷射绞纱染色机系列。

中央电视台CCTV-9、《发现之旅》频道《匠心智造》纪录片企业。

"五大产品"被国家发改委列入《国家重点节能低碳技术推广目录（2014年本，节能部分）》、被中国印染行业协会列入《第八批中国印染行业节能减排先进技术推荐目录》、被广东省经济和信息化局、广东省发展和改革委员会列入《广东省节能设备（产品）推荐目录（第六批）》。

GOXLB高效节能
超低浴比溢流染色机系列

GFALA高效节能超低浴比
全模式染色机系列

GF241XLB高温高压超低浴比
全模式纱线染色机系列

5大高新
技术产品

GFS-B(HT)低浴比
高温喷射绞纱染色机系列

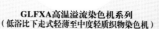
GLFXA高温溢流染色机系列
（低浴比下走式轻薄至中度轻质织物染色机）

荣获奖项

★ 被国家环境保护部评为"2014年环境保护科学技术奖三等奖"

★ 被广东省环保厅评为"2014年广东省环境保护科学技术奖一等奖"

★ 被广州市科技信息化局评为"2013年广州市科学技术进步奖二等奖"

★ 被广东省科技厅评为"2014年广东省科学技术奖三等奖"

★ 亚洲开发银行节能减排促进循环资金项目能效电厂试点单位

★ 国家纺织产业节能减排技术支撑联盟理事单位

★ 中国纺织机械器材工业协会理事单位

★ 1315企业征信立信示范单位

★ 全国纺织机械与附件标准化技术委员会纺纱、染整机械分技术委员会第二届委员单位

★ 高端节能环保染色机（特种设备设计、制造许可范围内）的设计、生产和销售"获得ISO9001:2008标准质量管理体系认证

★ 广东省染整装备工程技术研究中心

电话：020-84888953　传真：020-84888960　邮箱：gofrontsales@gofronts.com　http://www.gofronts.com